陈卫新 编

# 中国室内设计大系II
## 7

辽宁科学技术出版社
沈阳

# 目录

餐厅

Restaurant

会所

Club

文化
教育

Culture and Education

CONTENTS

CHINA Interior design annual
**office**

设计: 申强
面积: 306 m²
坐落地点: 上海
完工时间: 2014年
摄影: 申强

办公室设计一直以一种固定模式出现在大家的面前,而这次在设计自己的新办公室时,摆脱约束,便开始有了更多的思考,经过反思,设计师决定放下自己以前所谓的专业知识及固定思维,从对办公室的使用要求开始思考来玩一个不大一样的,暂且称为"办公室"的空间。 办公室未来会有从事景观规划、建筑设计、室内设计、产品设计、平面设计、服装设计以及建筑摄影等多领域设计的人共同使用,所以选择了位于上海静安区曾经辉煌一时的上海手表二厂的车间中,这里是高楼大厦背后残留的老房子老弄堂,有着自己的生活习性,有着不同的气味,并且被包裹得很严。在空间中如何安排各式各样的创意人员,如何划分及使用空间,避免填满空间的模式,创造空间便成了设计的首要任务。

设计灵感来自于"一杯水"的理念,当一杯水在我们面前,真真切切,而把水倒掉,"一杯水"马上不存在了,只有"玻璃杯"存在。可见,所谓的"一杯水"其实是由"玻璃杯 + 水"组合而成。进一步细究,"玻璃杯"也不存在,玻璃杯由玻璃构成,

# DETAILS·STUDIO

## 大样工作室

而玻璃是由海沙、石英砂岩粉、纯碱和白云石等，经过高温烧制而成，所以并没有一个不变的"玻璃"的客体存在。设计师把临时租住的空间当做玻璃杯，任何空间都会消失亦或出现，如幻如影时，没有了所谓"空间"的约束时，反而产生了多变无限的可能性。

工作如同一杯水，"杯中"看到所谓的办公桌，文件柜等，设计一个精算好的空间模数自由组合，满足作为办公空间未来 5 年甚至 10 年后的使用需求，直至可以满足 30 人以上同时办公的可能性。橡木定制的木盒兼具储藏功能，不同的木盒门开启方向兼具考虑组合之后的多变性。书架木构架兼具展示及坐凳之用途，把传统书架拆解为单元构建，也是考虑未来搬离后可重复使用，环保且可持续发展。

聚会是设计师们在一起经常举办的，每到周末空间则变化成为另一番景象，前台接待台变为酷炫的 DJ 台，摆满各种酒水的长吧台，7m 长的投影演绎各种迷幻图像。用于储藏的模数木盒可瞬间搭出走秀 T 台，来一场服装设计师朋友的小型展示秀，自娱自乐。当周末空间不再承担办公室的空间任务时，可以变身成为展厅、画展、家具展，也或许是建筑模型展等。

利用楼下印刷公司搬运货物所使用的花格铲板，废物利用铺设于阳台地面，利用阳台抬高的 15cm 填入泥土，种植花草，阳台兼走道变身为小型花园，与对面老石库门的山墙裂缝里倒长出来的绿色野草相得益彰，随着季节更替而不断变幻，每天都有不同的发现。而每天浇灌野花野草也变成设计师每天早晨的必做功课。

在自己的试验场进行着空间可能性的实验，每一次变化都会带来新的体验和兴奋，就好像这个空间 10 年前还是热闹忙碌的手表车间，可再过 10 年后这里又会是怎样一番景象呢？或许以后这里已经被城市化进程的拆迁大军夷为平地了吧。人生本来如此，好像有，又好像没有，不必认真，玩玩而已。

左1、左2、左3、右1: 书架木构架兼具展示及坐凳之用途

右2、右3 温馨一角

## 02

CHINA Interior design annual
**office**

设计单位: 厦门大璞设计有限公司

设计: 胡若愚

参与设计: 郑传露、朱鹭欣

面积: 1000 m²

主要材料: 实木面板、电解板、亚黑氟碳漆、水泥金刚砂抛光、锈铁、陶瓦和陶罐

坐落地点: 厦门

完工时间: 2013年

摄影: 申强

地灯映射下的串串陶罐,形成了门厅独特的表情;木门虚掩,光影投射在水泥地上幻成木板潜行,起身又化做接待前台。

悬吊的木盒四面临空,让冗长的通道有了变化的节奏。光影、枯藤和层层木阶在木盒和白墙间宽窄变幻的缝隙间游走,在几条轴线上,通过层层框套的设计和空间的收放变化来丰富空间的层次,强调空间相互的呼应。

临窗走道架高,地光泛起,仿佛走秀的 T 台,将各空间串起。在设计室,搭上几片木台,便是工作桌;在门厅处嵌入两座硬包,便成等候区;会议室也是一个木盒,在此处便转折成阶梯的坐席;走道上灵活的移门又可根据需求将各空间分隔。

设计师用水泥、钢刷木、老藤、粗陶、黑钢、锈铁、白墙这些最朴实的材料演绎出空间的无穷变化:虚实、远近、高低、宽窄、明暗、冷暖、黑白……

# HI MALAYA OFFICE

## 喜玛拉雅办公室

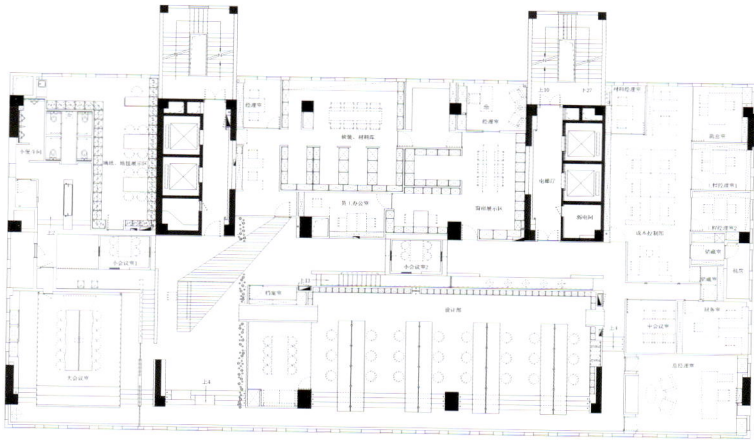

左1: 独特表情的门厅
右1、右2: 光影投射在水泥地上幻成木板潜行

左1、左2、左3: 风格各异的走道
右1: 会议室也是一个木盒
右2: 小型洽谈区域

## 03

设计单位: 阔合国际有限公司
设计: 林琮然
参与设计: 李本涛、何山
面积: 500 m²
主要材料: 澳松板、水泥地面、竹木地板、白瓷砖、玻璃
坐落地点: 上海市人民广场九江路亚洲大厦
摄影: 申强

上海人民广场的亚洲大厦, 原址所在为 1909 年成立的著名剧场人民大舞台, 本身具有深厚的文化底蕴, 而费尔的王子品牌创办人 Fiona 非常喜欢上海的海派风尚, 希望在此打造富有童趣的企业办公室, 希望设计师能通过独特的手法, 把办公室与场域巧妙结合起来。

在亚洲大厦内做到一个富有新意的空间并不容易, 因为大楼本身老旧的条件, 限制了空间布局上的种种自由, 而众多功能反映在使用上, 也必须面面俱到并更具挑战性。针对项目的复杂度去繁就简去思考安排, 首先了解品牌在核心与管理上的需求, 这对于设计企业办公室至为重要。设计师回应 Fiona 的要求, 并回归最初的品牌理念, 费尔的王子把童鞋看成一个礼物, 让打开鞋盒带来如同打开礼盒般的喜悦, 让美好的回忆珍藏在内。因此在空间概念上, 延序礼盒的想象, 最终汇集了三点要求: 惊喜、简单、可爱。为了完美重塑这三种感受, 设计师首先确定了整体的色调, 以简约的纯白与自然的木质感为基调, 并混合代表温暖的橘色, 保持色彩上最纯真乐

# FIONA'S PRINCE

## 费尔的王子办公室

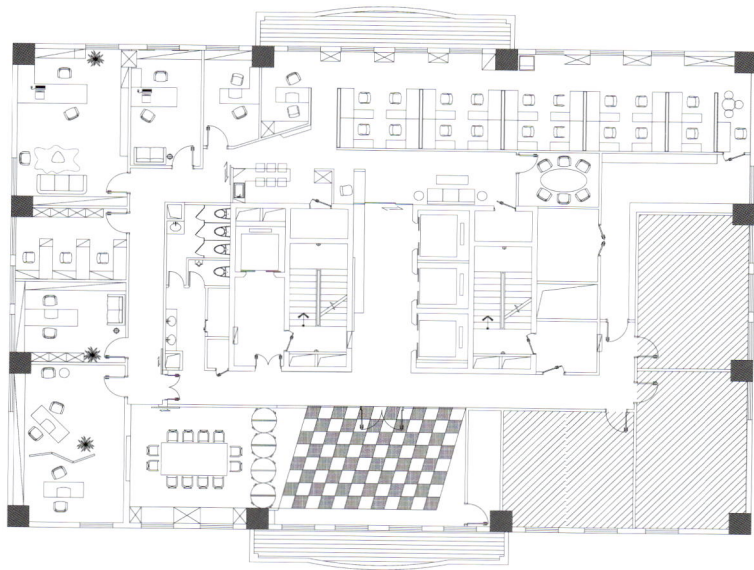

观的感受,无论是象征意义或是实际应用上,打造出充满童趣的气氛。

在空间布局上,先在南面放入如大礼盒般可以打开的会议室,并适当延伸舞台戏剧感十足的展厅,混合多重功能的使用形式,展厅与会议室之间以移动旋转木门来区分空间,满足渴望灵活的敞开式需求,并有效进行独立空间的分割。展厅内棋盘式的布局配合可任意变动的展台,如同小孩跳格子游戏般排列组合出无限可能,而展厅除了做为品牌产品展示外更可配合会议的进行,与客户直接有效地进行沟通。完整独立的办公区域由电梯间左侧进入,公共空间沿续展厅的调性,以洁白小瓷砖打造如同城堡墙的分割面,映射着天花上有如小王子行星的 Arte mide Pirce 吊灯,并随着列车意念的接待台驶入,在一片稳定的木天花停下后,而产生了稳定感。接待区后方为休息吧台区,作为一个有趣的碰撞点,为来宾、管理者与员工提供了一个沟通所在,可轻松地吃个茶点再谈谈费尔的王子的事业。在接待区旁切了一角的大盒子内就是主要的办公区间,设计上达成空间的开阔度要求,地面以安静有序的竹木地板构成,而在天花上特意安排无序的灯槽,变化出视线上的趣味性,让空间在动静间多了点对比上的自在性,达成稳定又可爱的状态。此外车兼顾办公的私密性上,使用 110cm 高的木墙档有效区分出空间,让整个团队保持着高度的沟通与自主。北面的大露台配合着办公区,规划成员工可以边休息边远眺人民广场的区间,如此贴心的安排,创造出一个通风采光良好的工作环境。

设计师对于一个主打儿童品牌的公司,除了注意空间想象力的童趣表现,在选材更是十分重视绿色环保,以无污染的建材为主,让空间内充满着活力与健康。此外在电梯间、办公区、主管区、会议区及展厅,都以活动移门来区分,既保持管理上的可变弹性,也可进行适当的分区,进而达成工作上的高效需求,并节约能源的使用。

费尔的王子办公室代表着是工作上的一个起点,赋予空间的乐观精神也代表企业追求更高更远发展的意义,在这样的环境内,时时让人充满能量并充溢着对未来的美好想象,令人为之欣喜。

左1: 公共空间以洁白小瓷砖打造如城堡墙般的分割面

左2、右1: 展厅与会议室之间以移动旋转门来区分

右2: 办公区用110cm高的木墙档有效区分空间

右3: 接待区

## 04

CHINA Interior design annual
**office**

设计单位: 维斯林室内建筑设计有限公司
设计: 廖奕权（Wesley Liu）
面积: 130 m²
坐落地点: 香港九龙观塘荣业街6号海滨工业大厦14楼B2B室
摄影 : Wesley Liu、Kenneth Yung

一个130m² 如家一般的室内设计师事务所，位于香港 20 世纪 70 年代的工厂大厦。为求达到家的感觉，在入口位置做了一个木地台，所有客人和同事们都会在这里换上拖鞋，像回家一般地进入办公室。会议室有一幅植物墙为这个密闭空间提供新鲜氧气，和清淡的花香气互相呼应，柔和的灯光伴随着轻音乐，耀眼夺目的墙身柜也使整个空间变得有趣味。

走进工作的空间，顿时进入一个以黑色为主调的环境，为了能令设计师爆发创新的意念，特别以闪电形排列的白色工作台和光管来反衬黑色的主调,形成强烈的对比。此外，用长台取代传统的工作台，拉近设计师之间的距离，借以鼓励设计师之间的交流。

一个有创意的工作环境能帮助启发思维，所以，工作室放弃了传统的呆板设计，没有四四方方像城墙般的间隔，没有以白色灯光作为主调，取而代之以家居的感觉去设计工作室。

# PPLUSP STUDIO

## 维斯林室内建筑设计公司办公空间

左1: 主调为黑色
右1: 入口处的木地台便于换上拖鞋

左1: 植物墙提供新鲜氧气
左3: 形状各异的吊灯
右1: 以闪电形排列的白色工作台和光管
右2: 居家气氛处处可见
右3: 整洁的卫生间

## 05

设计单位: 南京万方装饰设计工程有限公司
设计: 吴峻
参与设计: 陈郁、朱炜
坐落地点: 南京
摄影: 吴峻、花磊

在新城公司总部的设计过程中, 存在着两条相互交叉的思维线索。其一, 从办公环境发展的纵向上来创造全新的办公场所, 以满足业主对办公行为需求的更新; 其二, 从设计语言整合的横向上, 追求设计与艺术形式的跨界, 以提升整个办公场所的精神品质。

整个设计意向着眼于对创新的办公理念的追求, 但一切都锚固于业主企业的核心价值, 并非无病呻吟式的矫情。另一方面, 出于业主对办公环境的艺术氛围的追求, 我们试图以 "植入" 的方式去完成对空间、照明、家具以及艺术饰品的整合, 固而使整个设计的层次与质感愈发显得丰满。

# NANJING NEW SPACE DEVELOP MENT CENTER

## 南京新城发展中心

左1: 雕塑和灯具夺人眼球
右1: 稳重的柱体
右2: 沙发色彩鲜明

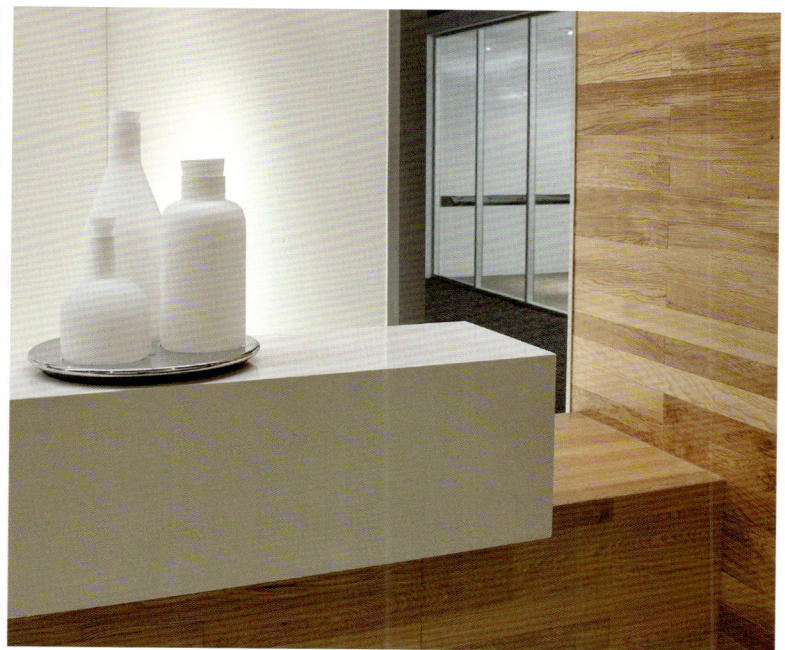

左1、左2: 休闲区
左3、右1、右2、右3: 家具及艺术品整合其中

## 06

CHINA Interior design annual
**office**

绚梦——未来科技充斥的今天，那些绚丽的色彩所充斥的梦境带给我们极其丰富的想象空间。从陈设艺术的角度出发，开始着眼本案的时候，起初是想用简单的黑白灰来界定空间。而在多次整思过后，打破传统上用银色金属以及纯白色来表现高科技的手法，采用明快的色彩冲击来表达时代的快捷和未来智能生活办公的梦境设想。使用透明亚克力和镜面，简洁的直线条、六边形、圆弧等几何图形在家具及陈设饰品中进行着造型的冲撞，讲述绚梦的办公空间。

设计不仅仅是商业的包装，更是万科以及设计师对未来生活及工作的最佳演绎和传递。

软装设计单位: DML Design 麟美建筑设计咨询（上海）有限公司
　　　　　　　麟美国际陈设机构
设计: 董美麟、徐传鹏
面积: 350 m²
坐落地点: 上海
完工时间: 2014年3月
摄影: 金选民

# XUHUI (SHANGHAI) VANKE CENTER

## 上海万科徐汇中心

左1、右3: 窗外美景一览无遗
右1、右2: 小景

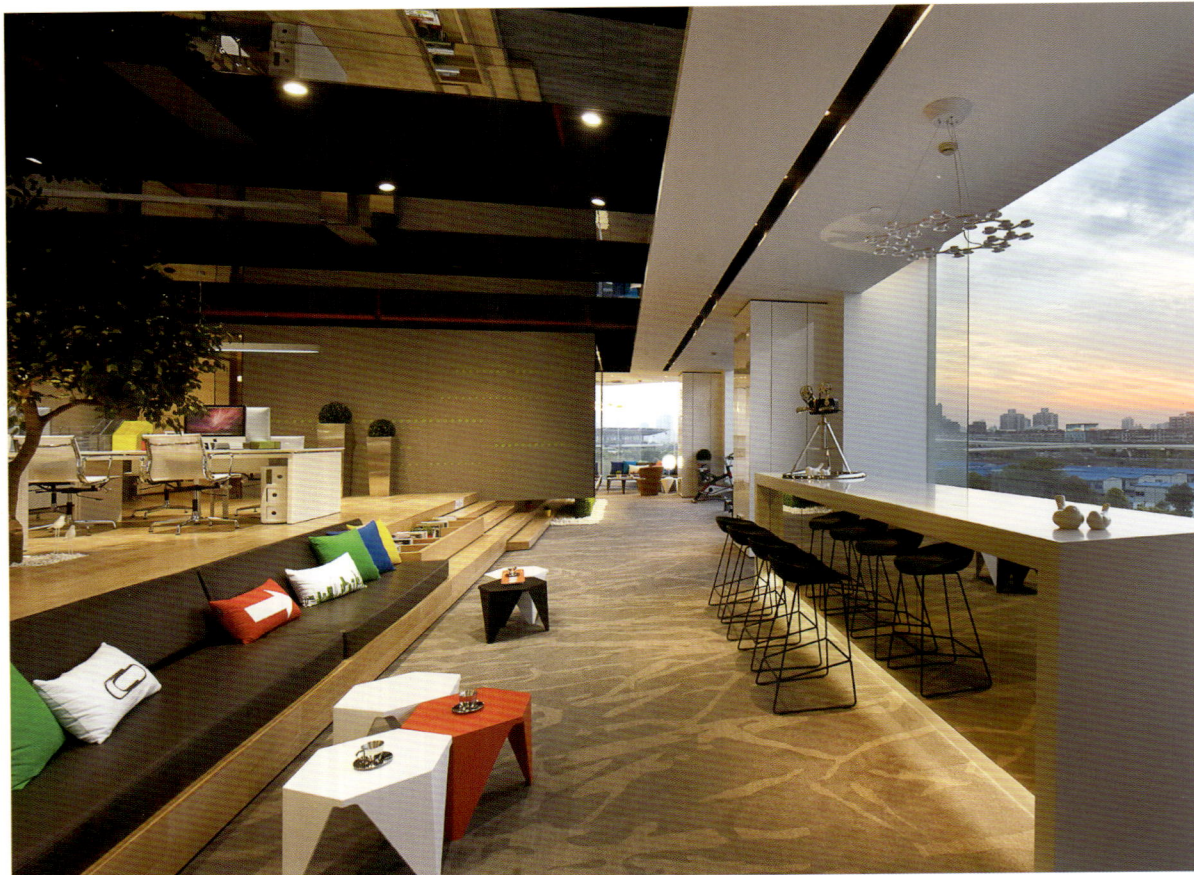

左1: 有趣的吊椅
左2、左3: 办公区域的陈设设计
左4、左5: 办公及会议区域
右1: 悬浮的盒子造型
右2: 绚梦空间

## 07

CHINA Interior design annual
**office**

设计：王善祥
参与设计：王善辉、龚双艳、李哲、张玺梁
面积：4100 m²
主要材质：橡木、火山岩、镀钛不锈钢、麦秸板、水泥板、透光软膜
坐落地点：上海
完工时间：2013年
摄影：胡文杰

知道东沃集团的人不多，但是2010年上海世博会期间热卖的世博护照却是家喻户晓，护照的发行即是由东沃集团做的代理。集团旗下共拥有景观设计、景观建设、文化传媒等子公司和部门，办公室分别位于一栋办公楼内的5个层面。

设计伊始，根据业主要求必须简洁、大气，同时要控制造价和施工时间。为此，设计师提出"精、景、境"三个字的设计概念。"精"代表精炼、精简、精进，"景"代表景致、景观、景象，"境"代表环境、意境、境界。

楼层的平面为长方形，两端是电梯和楼梯，适合在中间布置交通走廊，两面靠窗处布置办公空间，使得最充足的光线得到最大限度的利用。几个楼层曾经为前一家公司所用，留下了大量隔墙玻璃，业主提出必须重复利用以节约装修成本。中间走廊的采光运用这些玻璃墙自然是最好的选择，但是由于拆下来的玻璃尺寸不尽相同，又是钢化过的而无法切割，如何加以利用是个难题。为此，设计师将这些玻璃用不同图案的分格法进行处理，巧妙地把玻璃不同尺寸的接缝处掩盖了起来，最终难题

# HEADQUARTER OFFICE OF DOW GROUP

## 东沃集团总部办公室

反而变成了一道特殊的风景。中间走廊由于很长，每天的来来回回难免单调，分别在不同部位设计了洽谈区、茶水间或是卫生间等的通道，采用方盒子、月洞门等形状，使走廊空间产生变化。

13层所遗留的原风格元素很混乱，设计师采用加上去的"减法"，把原来杂乱的大量装饰元素"减"干净。每个楼层的大小会议室共有十几个，在统一风格中使用一些不同的材质，使之多了几分变化。作为东沃集团的原始和支柱产业，景观设计和景观建设公司位于9层。为显示这两个部门的景观特色，在入口安装着由古建筑拆旧下来的木柱，韵味十足。内部空间各有一根圆形大柱子，顶部呈树冠的造型，粉上绿色乳胶漆，如同两棵大树，象征对自然的热爱。

设计这般如此，最终实现了风格的"精"，丰富的"景"，大气的"境"。

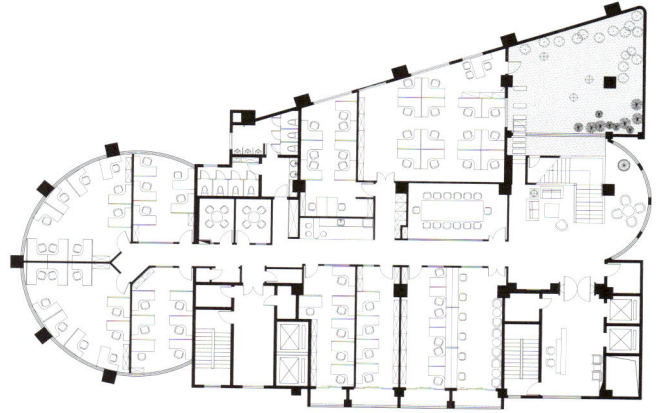

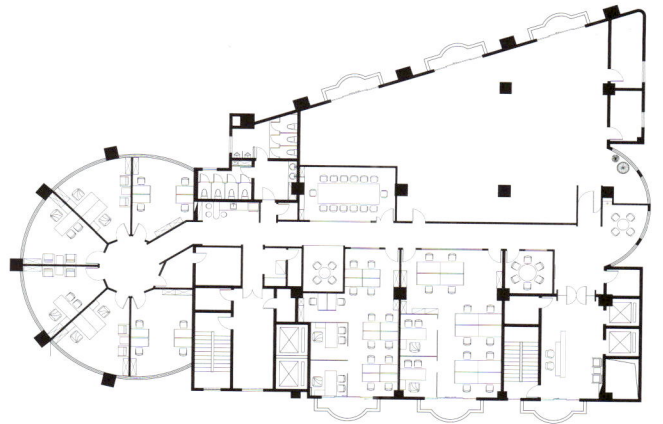

左1: 两端是电梯和楼梯
右1、右2、右3、右4: 将遗留的玻璃用不同图案的分格法进行处理

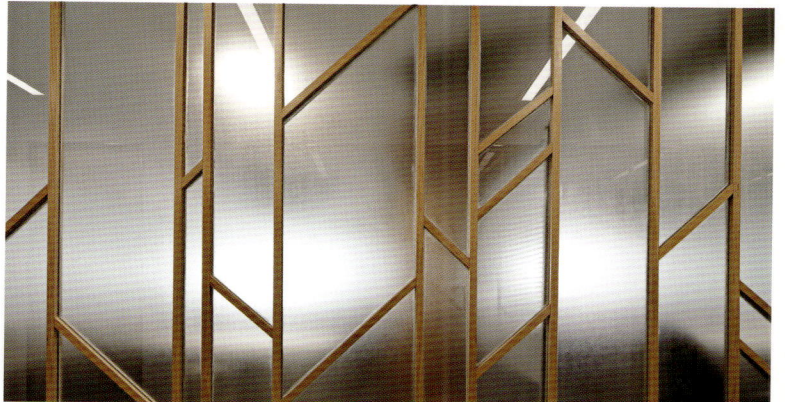

左1: 弧线造型
左2: 会议室
左3: 圆形大柱子顶部呈树冠的造型
左4: 会议室
右1: 明亮的阅览室
右2: 对称的门
右3: 方盒子使走廊空间产生变化

08

本案是一家致力于新型旅游服务与体验的旅游公司,设计灵感来源于"自然"这个概念,强调天然素材在环境中的和谐相处。从而产生出身临其境的幸福感和趣味感。由于建筑的局限,采用开放式和封闭式相结合的办公方式,既要节省空间又要有足够的通过性。接待厅内含蓄冷静的灰色和热情奔放的橙色比肩而立,符合"游玩"的特性。进入空间内部,原来稍显局促的空间被悄然推进并延展开来,同时平面布局和空间组织的不确定性,使人产生探索的趣味感。上空飞架的木梁造型所形成的通廊,连接起一片片木质机拼板围合而成的院落空间,看似随意实则凝聚了严谨的推敲。满目的藤制吊篮不规则地从天而降,在光线的作用下,在人的位移中,叠影幻化出生机勃勃的景象。

形似树杈的办公桌以及支撑办公桌的"树木",仿佛坐落于一片丛林之中。为了呼应大自然的格局按照严谨的几何关系组织在一起,看似变化丰富实则为了充分利用空间占有率,同时满足多样性的办公要求以及更开放的视野。整体上的走向形成一

设计单位:香港伟麟室内设计有限公司
设计:朱赋猷
面积:约600 m²
主要材料:橙色烤漆板、机拼木板、白色镜面玻璃喷漆图案、钢管、地毯
坐落地点:上海市东大名路
完工时间:2013年6月

# OFFICE BUILDING OF SHANGHAI CHUNSHUN TRAVEL AGENCY

## 上海淳顺旅游公司办公楼

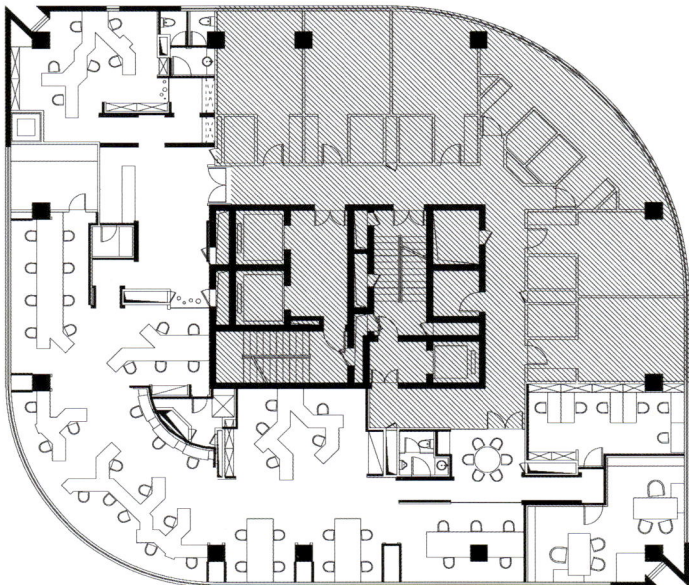

条隐轴，看似散落的部件实则起到均衡的串连，创造一种音乐般跌宕的节奏感，并浓缩成一个介乎于抽象与形象之间的形态。

这样一个仿佛自由生长的办公空间，以一种理性的姿态，对大自然表象做出积极的回应，实现着现代空间与大自然的良好对话。

左1、右1：冷静的灰色与热情的橙色比肩而立

左1: 藤制吊篮从天而降

右1、右2: 形似树杈的办公桌

空间，它总是对建筑物的一种延伸，这种延伸是物质的，当然有时也是情感的。我们常在不同的空间中工作、学习和思考，空间因我们而存在，也因我们而变幻，对于我们，它亦敌亦友。有时我们希望得到空间的庇护，但有时我们也希望摆脱空间的束缚，由此一个全新的办公空间诞生，物质和情感在此互相交织，带来全新的体验空间。

设计单位: 广州共生形态工程设计有限公司
设计: 彭征
面积: 600 m²
主要材料: 杉木指接板、工业自流平、竹子
坐落地点: 广州市海珠区东方红创意园
完工时间: 2013年10月

# C&C DESIGN CREATIVE HEADQUARTERS
## 共生形态创意总部

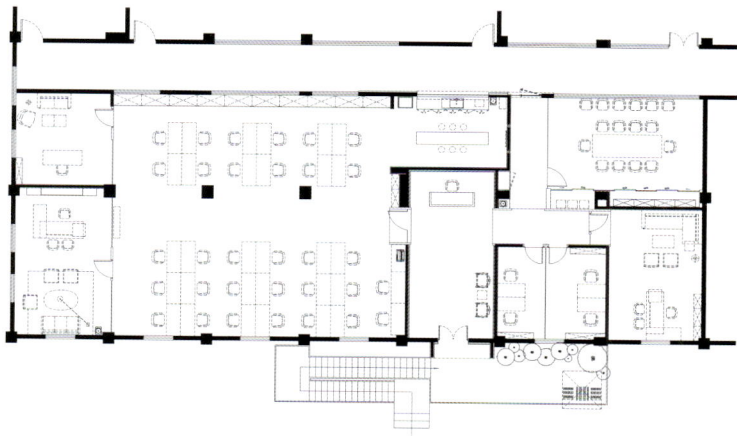

左1、右1：憨态可掬的动物在迎接客人的到来
右2：大量的木材料营造自然的氛围

空间与艺术的某个部分支撑起这个办公场域的精神，让整体的静谧空间呈现出灵秀的艺术气质。空间是容纳生活的器具，艺术是凝聚生活的感动，而每件艺术作品都有其适宜的空间居所。通过空间与艺术二者之间的对话互动，空间的顺序是可以用来细细阅读的。

设计单位: 硕瀚设计事业（佛山）有限公司
设计: 杨铭斌
面积: 180 m²
主要材料: 木饰面、乳胶漆、墙纸
坐落地点: 广东佛山
完工时间: 2013年8月
摄影: 杨铭斌

# READING ON SPACE

## 空间的阅读感

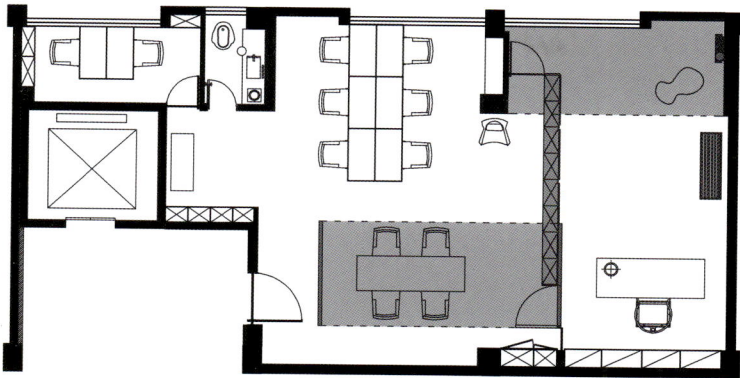

左1: 空间是容纳生活的器具
右1、右2: 书架兼具隔断的作用

## 11

设计单位: 筑邦臣
设计: 张海涛
面积: 650 m²
主要材料: 皮革、雅士白石材、土耳其灰石材
坐落地点: 北京中关村银谷大厦
摄影: 高寒

# BUSINESS CENTER FOR WINNER

## 赢家商务中心

赢家商务中心是赢家伟业公司的重点 VIP 服务中心，该服务中心坐落于中关村商圈银谷大厦内。设计团队根据赢家 VIP 客户的定位及服务需求，进行了针对性的空间打造，整体空间轻松而富有现代感，特别是灯光设计，将室外光与室内光进行了完美融合，成为此项目的一大特点。

与传统办公空间不同的是，在设计上打破传统办公室的严谨格局，主要采用开放的办公方式，以简约活跃的处理手法让空间更富有通透性。中心休闲办公区采用光与型的结合营造出冲击波般的视觉张力，象征着创业思想的无限延伸发展。周边简约时尚的家具，把咖啡区的休闲概念与办公功能融合为一体。浅绿色的皮革软包镶嵌入灰白相映的空间里尽显活泼时尚。在规划上为最大程度的满足商务接待和洽商功能，增设了多个商务接待洽谈区，从 VIP 接待室到大会议室到富有个性的小洽谈室，在设计上均配备了高度智能化的办公硬件设备。

前厅的墙面设计采用进口石材嵌入灯光的处理方式，雅士白石材分割出前厅的空间

感，墙面嵌入的 LED 电视与 LOGO 墙满足了向客户及时展示各种企业形象的商务需
求。

左1: 前厅墙面采用石材嵌入灯光的处理方式
右1: 会议室

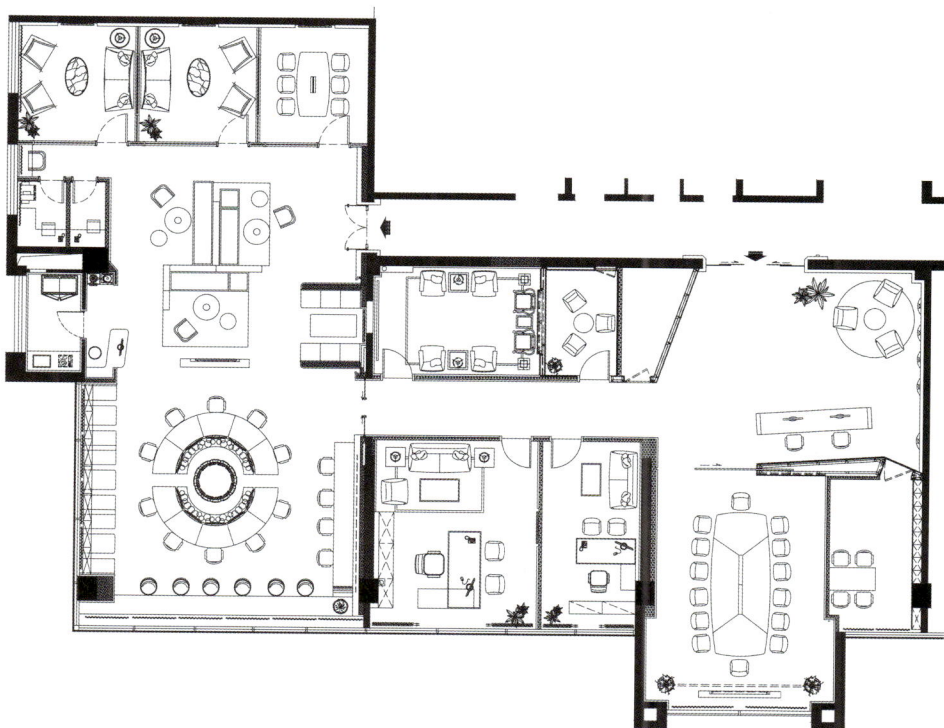

TEA ROOM

REST AREA

TEA ROOM

左1: 空间富有通透性
左2、右1、右2: 采用光与型的结合营造出冲击波般的视觉张力

设计: 于强
面积: 108 m²
坐落地点: 深圳
完工日期: 2013年8月

此空间为位于深圳京基100的一个小型办公空间，存在原有平面分区影响自然光的引入，开放空间使用面积狭小，光线分布不均匀，平面布局不合理等问题。

设计以引入自然光为主题，在空间功能分区上将私密空间和开放空间进行明确区分，扩大开放空间的使用面积，使两种性质的空间最大程度上共享自然光。以大面积磨砂玻璃来界定空间，内置灯光，营造出自然光效果，原来不均匀的光线分布通过设计使其均匀化，在视觉上扩展空间的同时营造出柔和的光线效果。

绿植不仅仅是装饰元素，亦同时作为空间功能分区的软界面被引入进来，它消除了室内空间强硬的边界关系，使自然之景渗透到室内，成为室内空间环境的一部分，体现自然、生态、环保的设计理念。

细节方面，磨砂玻璃墙上黑色门的似真若假是戏剧性设计手法的绝佳表现，大面积轻透磨砂玻璃和实体深色木饰面产生强烈的对比，精心挑选的极具艺术感的家具和陈设为空间频频增色。

# HE MERA OFFICE

## 赫美拉（香港）国际美学集团办公室

左1: 办公室所在大楼外景
右1、右2: 磨砂玻璃墙上黑色门的似真若假是戏剧性设计手法的绝佳表现

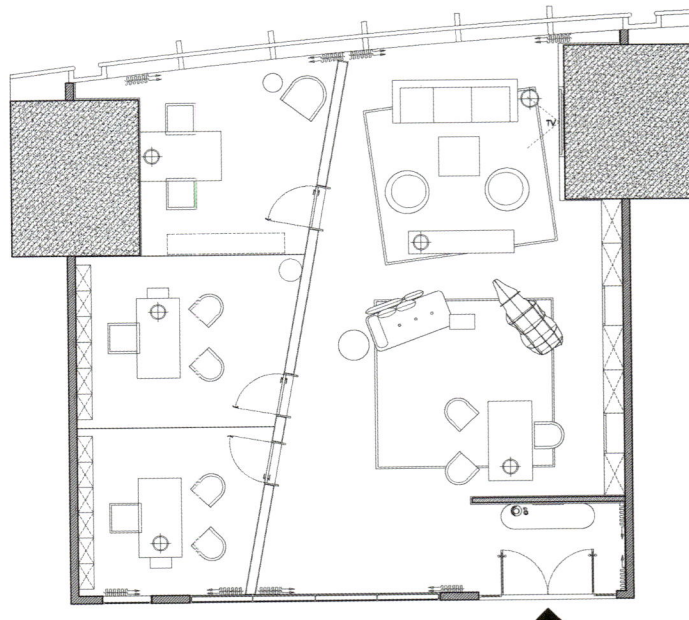

左1、右1、右2: 极具艺术感的家具和陈设为空间频频添色

## 13

CHINA Interior design annual
**office**

设计单位: 新加坡GID酒店设计集团/GID香港格瑞龙国际设计有限公司
设计: 曾建龙
参与设计: 曾丽玉
面积: 27 m²
主要材料: 地毯、木地板、涂料
坐落地点: 北京
完工时间: 2013年11月
摄影: 吴永长

十二间, 是一个课题, 主旨是为身在北京刚踏出校门的学生打造一个创业的创意空间。在整个"十二间"公益项目中, GID负责的空间是以办公为核心的设计。要在27m², 层高4.6m 的小空间里完成一个小企业的经营内部构造, 这样的要求绝对是对设计师空间掌控能力的一大考验。

主创设计师以他多年在国外的学习和工作经验, 接受挑战, 对这个小企业办公空间进行了再创作。空间里分布有接待区、茶水间、卫生间、储物间、开放办公区、主管区、总经理室等功能区, 通过建筑结构的魔方方式, 进行空间的合理分解组合, 最终呈现出高低错落的惊艳视觉画面效果。

# TWELVE SPACE

## 十二间

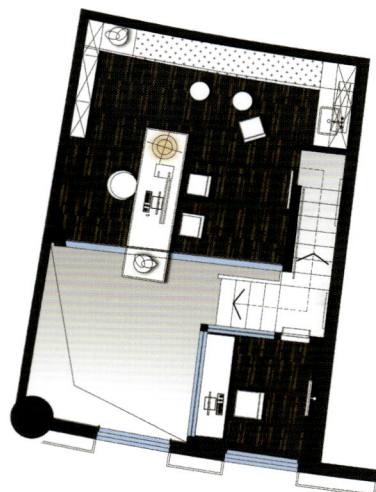

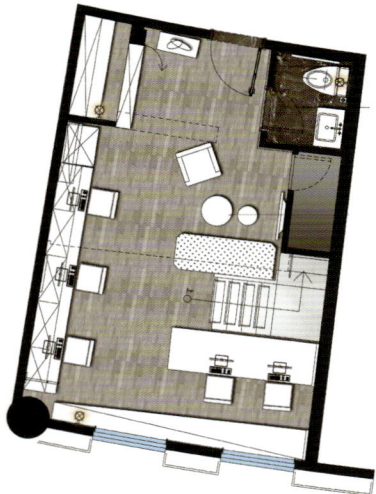

左1、右1、右2: 通过建筑结构的魔方方式，进行空间的合理分解组合

左1、右1、右2: 通过建筑结构的魔方方式，进行空间的合理分解组合

## 14

CHINA Interior design annual
**office**

WHD办公室经过一年的收集，如今艺术品也逐一归位，整体空间为白色系，更有助于展示陈设艺术品。在艺术品中，有黄拱烘老师抽象画大作《无题》、老樟木茶台、柏木根、龙文堂铁壶、政光作铁釜、吕尧臣紫砂壶、阴沉木《老子悟道》、山西红漆描金老柜等。

整体空间加以简约改良，配以明式家具，温馨而优雅，让设计师们可以舒适地工作，喝着普洱，听着古琴，提笔疾书。

设计以空间为载体，以艺术品为灵魂，一切流动于空间中。我愿意深深地扎入生活，吮尽生活的骨髓，过得扎实而简单，把一切不属于工作和生活的内容剔除得干净利落。简单为基本的形式，简单、简单、再简单，简单生活，快乐工作。

设计单位: 新加坡WHD酒店设计顾问有限公司
设计: 张震斌
参与设计: 季斌
面积: 300 m²
主要材料: 白色乳胶漆
坐落地点: 北京
摄影: 佘文涛

# SINGAPORE WHD OFFICE

## 新加坡WHD办公室

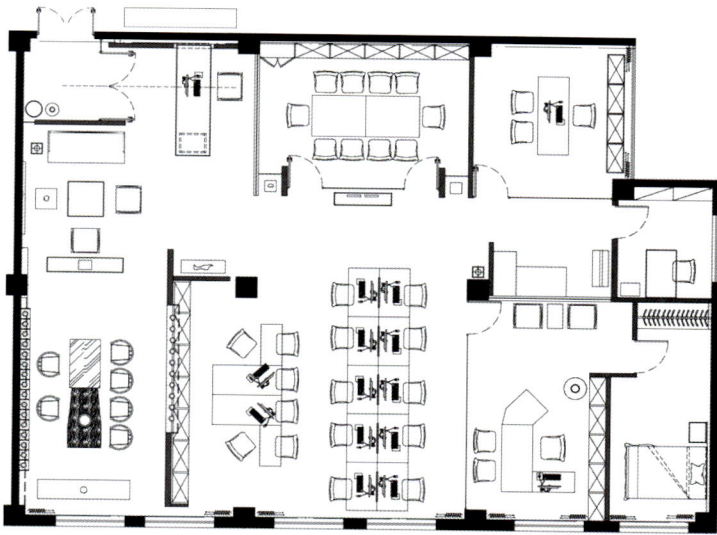

左1、右1: 入口处
右2: 鲜艳的抽象画

左1: 优雅的明式家具
左2: 会议与办公区
右1: 中西式结合的办公空间
右2: 白色系空间有助于艺术品的展示

## 15

CHINA Interior design annual
**office**

设计单位：深圳大羽营造
设计：冯羽
参与设计：朱永刚
面积：250 ㎡
主要材料：碳化竹篾、碳化竹板
坐落地点：深圳
摄影：马琪

因何，做此苦竹斋，从一开始就想做一个什么都不像的地方，尽量回避掉空间的特质。另总想再探索一种空间艺术视觉上最低限度的可能，一切回到简单、平实，不见任何法则、规律的存在，只现空间的本真状态，技法的简单平实，脆弱到极致的质朴物料。情感和技法都回到一切的原点，宛若婴儿般重返大地，因为这个社会和这个圈子让我们如此轻浮，只有回到原点，才能找到属于我们来时的路。

故而，选用最低成本、最简单、最柔弱的竹篾作为空间质感的表达，工法同样回归民间乡土基本工艺，手法简单，满足功能即可，避开正式工匠而为之，恰是这一切的脆弱与业余，方得见来时之路。因为这个世界本并不复杂，包括设计这个事儿，是你我把这个世界基本的情感亦或状态摈弃掉，而去追求多余的神秘与复杂，故你我之世界，不见人文，不见情感，不见自我，更不见本真。

苦竹斋，如苦行，如苦修，如谦虚之竹，如凌风之竹。放低自我，方显这个世界；退隐艺术家，方显艺术，这便是"苦竹斋"。

# BITTER BA MBOO ROOM
## 苦竹斋

左1、右1: 简单平实的空间

左1、左2、右1、右2: 选用最低成本、最简单、最柔弱的竹篾作为质感的表达
右3: 空灵静谧的气质

**16**

CHINA Interior design annual
**office**

企业对于健康而舒适的办公环境这种需求的满足程度，直接影响员工对企业的归属感与忠诚度，进而影响企业的竞争力。设计公司的办公空间更应该强调独特的氛围，让办公空间不再呆板单调，使艺术与功能完美结合，创造出一个真正属于设计型企业的、可以放飞思想、激荡头脑风暴的创作中心和学习交流平台。

设计充分利用原有厂房建筑的空间感和尺度，着力还原建筑本身赋予的形式美感。追求简单、质朴、通透、灵动的空间感觉，讲究材质的对比以及空间符号的表达。

东南侧采光及通风较好的区域用作密集型的办公区域，两侧区域则成为图文阅览及绝佳的休闲放松区域。中部空间则打造出一巨大舞台，报告厅以一巨型的白色盒子形式悬浮于舞台之上，交流、学习乃至文娱活动都集中于此，用分、合、起、承、锁等最单纯的设计语言来解构、重组空间。

坚持低碳节能环保的概念，大量使用涂料、素水泥、清玻等最质朴真实的材料，200 平方米的大舞台采用从海边直接运回的老船木铺设，使现代极简的空间中印上

设计单位: 宁波矩阵酒店设计有限公司
设计: 王践
参与设计: 陈品豪、项毅
面积: 2000 m²
主要材料: 涂料、素水泥、清玻、老船木、大理石
坐落地点: 浙江省宁波市
摄影: 刘鹰

# 211 MATRIX DESIGN
## 211矩阵设计办公空间

岁月的痕迹和故事。舞台上方悬挂的石块装置艺术，让粗放与含蓄、真实与虚幻在这里得到和谐与升华。办公区域规划强调一种纪律与秩序感，穿插其间的水吧、休闲区域使得办公环境不再单调，疏密有致，劳逸结合。

置身于这样的办公空间，质感和尺度得到合理控制，节奏和韵律自然清晰，秩序与纪律、创造与思考都在这里融合交汇。带着激情和思想去创造，而不是背负压力和情绪在劳作，我们能更精准、更有效地表达我们的理念，创造更有高度的作品。

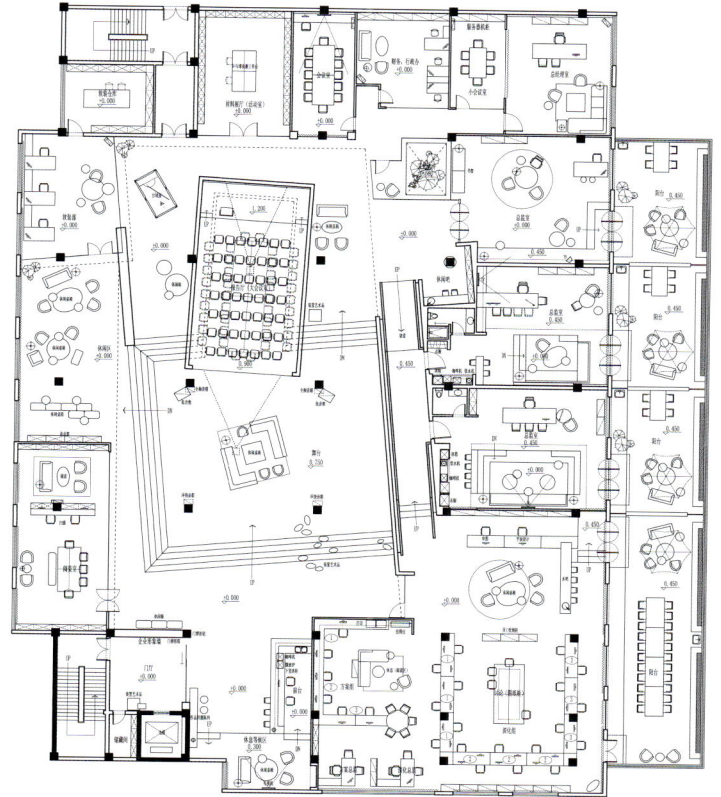

左1：工业质感的小吊灯
右1：大舞台采用从海边直接运回的老船木铺设
右2、右3：粗犷的装置艺术

左1: 走道
左2: 休闲放松的区域
左3、左4: 简约空间
右1、右2: 密集型的办公区域

本案以黑白灰为主色调，米色为衬托，营造一个现代、简约、奢华的室内空间。整体设计手法极为简洁，"以纯为美"的用材理念与简约的奢华风格浑然天成。大胆而巧妙地利用玻璃、灰镜、爵士白、美国墙纸和黑镜钢等材料，相互间既独立又相连。光和影插其间，加上精美的装饰品与艺术挂画的点缀，在静中求动，动中求静，动静相辅相成，使整个空间的设计浑然一体，带来清新柔和、却又富有梦幻的摩登时代感。

设计: 唐封龙
面积: 12000 m²
主要材料: 烤漆板、白色大理石、皮革、墙纸、不锈钢、灰镜、银镜
坐落地点: 广东东莞虎门
完工时间: 2013年8月

# OFFICE OF CAR MEN GROUP

## 卡蔓集团办公室

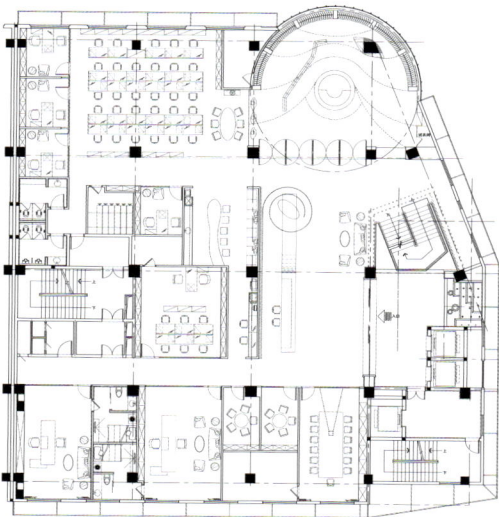

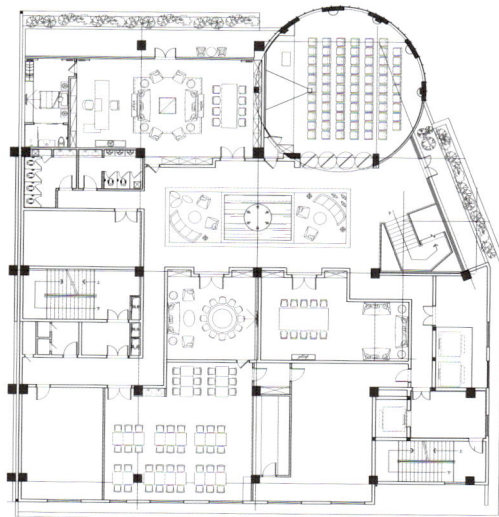

左1、右1: 黑白灰为主色调，米色为衬托
右2: 色彩丰富的展厅

左1: 楼梯
左2、右1: 精美装饰画点缀其中
右2: 空间富有摩登时代感

..........
CHINA Interior design annual
**office**

项目坐落于上海喜玛拉雅中心的顶层，建筑由日本的世界著名设计大师矶崎新设计，是中国名噪一时的先锋建筑，业主上海证大集团也是出名的热爱设计的公司。设计之初，设计师向业主确立了"空中书院"的概念立意。由于空间并不高大，把营造一间具有灵秀空间意境的、深藏在现代高层大厦顶层的书院做为目标。

此项目也被称为"半建筑"，是因为建筑在建造时预先建了顶层的钢筋混凝土梁柱框架，没有建屋顶，而且墙体也仅有四面女儿墙的装饰幕墙，并没有保温处理和划分内部空间的墙体。此次设计就是在建好的框架基础上加盖屋顶和内部隔墙以完成建筑。但是，由于面积较大，开窗面积并不多，仅有两个立面能开窗，如何采光、通风，如何营造空间趣味等，都是本次设计的要求。虽说现代建筑都有设备可以采光、通风，但尽量利用自然条件却是一种最为环保的选择。

首先，根据空间的整体布局，在800多平方米的面积里留出了4个天井内院，使人无论走到哪一个空间都会看到天井。除了可以增加自然采光、通风的比例，还可

设计: 王善祥、赵辉
参与设计: 袁振刚、龚双艳、饶明丽
面积: 870 m²
主要材质: 乳胶漆、火山岩、花岗石、榆木、宣纸玻璃、亚麻地材、地毯、铝格栅
坐落地点: 上海市浦东新区
摄影: 胡文杰

# HEADQUARTER OFFICE OF ZENDAI GROUP
## 证大集团总部办公室

以有些户外活动，也使空间增加了灵动的趣味，在院落窗前感知阴、晴、雨、露，更不同于仅仅是竖向的玻璃幕墙。通过天井的分隔，营造了类似于中国传统建筑"庭院深深深几许"的院落意向。预留的构造梁并不是很高，梁底仅有 2700 mm，完成吊顶、地面铺装后将会显得很低。如果把空间高度向梁的上部发展，那样就会露出梁，梁的断面最大的高度为 800 mm，宽度为 600 mm，体量会显得非常大。经过分析，设计师制定如下策略：空间的高度并非需要绝对大，如果在关键部位有一定高度，体现出空间的韵律、节奏才是最重要的。建筑屋面本身就需要一定的排水坡度，在构造梁之上仍有很高的空间可以利用。于是，决定把大部分天花进行吊顶处理，仅在一些关键部位抬高了天花，抬高的重点空间室内天花做成了双坡屋顶的形式。在今天大都市的高层建筑中，坡屋顶的空间十分稀少，因此就显得特别了。在大会议室，还开设了天窗，这在高层建筑中也是很少有的。

办公室最高的空间是大门的前厅，7m 高的挑空体现出一定气势，并且，顶部圆形透光天花呼应了喜玛拉雅中心酒店主楼的圆形玉琮巨大天井，使业主内部人员都能感受到设计意图。材料及色彩多以低调、素雅为主，不事张扬。

不过，每个项目都有遗憾！这一项目最大的遗憾就是家具配置由于一些原因业主方并没有让设计师参与，最终，家具的风格并没有达到一开始设计的要求，一定程度的影响了空间的灵秀氛围。员工区的隔断尤其过高，使该空间显得有些沉闷。其次，天井的铺装也没有按照设计的旧石板等采购材料，而是用所谓"仿旧"进行了替换，削弱了材料本身的韵味。绿植、雕塑小品等也没按设计来搭配，使天井院稍感单调。看来，设计的确是一门遗憾的艺术！

左1: 大门前厅体现出一定的气势
右1、右2: 分割出的天井

左1: 素雅的公共空间
左2: 过高的隔断略显沉闷
左3: 整体色调不事张扬
右1、右2: 休闲区
右3、右4: 办公环境

## 19

CHINA Interior design annual
**office**

设计: 王海波
参与设计: 高奇坚、何晓静、金广利
主要材料: 大理石、不锈钢、橡木、玻璃、密度板
坐落地点: 浙江诸暨
完工时间: 2013年12月
摄影: 林德建

永业大厦位于诸暨城东中心区，是一栋集商业、办公楼为一体的综合办公楼，开发商为永业望泰置业有限公司，总投资 2.3 亿元，用地面积 7200㎡。设计包括大厦的 1 层大厅及公共标准层的电梯厅及公共部分，12~14 层、23~25 层的室内设计，其中 12 层和 13 层为普通办公楼层，14 层为会议及餐饮楼层，23 层和 24 层为集团分公司办公楼层，25 层为总裁办公室及会所。

设计构思力图打造一个延续建筑风格，彰显企业特色，富有中式底蕴的现代办公空间。设计手法简约干练，材料运用上注重材质的对比及细节的处理。尽量减少不必要的装饰，功能空间追寻灵活多变，积极倡导环保低碳材料，符合可持续的设计潮流。

原大堂空间呈扁长形空间，入口直冲电梯厅。设计上利用顶与地的斜线切割来打破原建筑空间造成的压迫感，通过悬挂磨砂亚克力屏，营造出低调含蓄又富有韵律的入口背景。斜线符号游走于墙体和围栏，使大堂呈现出一个大气而不失灵动，庄重

# OFFICE OF WING YIP BUILDING

## 永业大厦办公室

而富有生命力的空间。

公共部位通过深色木材和浅色石材的对比，实心墙体与通透材料的结合，粗犷石材与精巧主材的碰撞，打造简约大气的现代办公空间。

在总裁办公室及会所处，西方的休闲方式与东方的人文情结在这里产生碰撞，现代智能与传统理念达到了和谐，园林的营造方式与室内设计手法在此得到融合，空间的藏与漏、虚与实、内与外、动与静得到充分的体现。

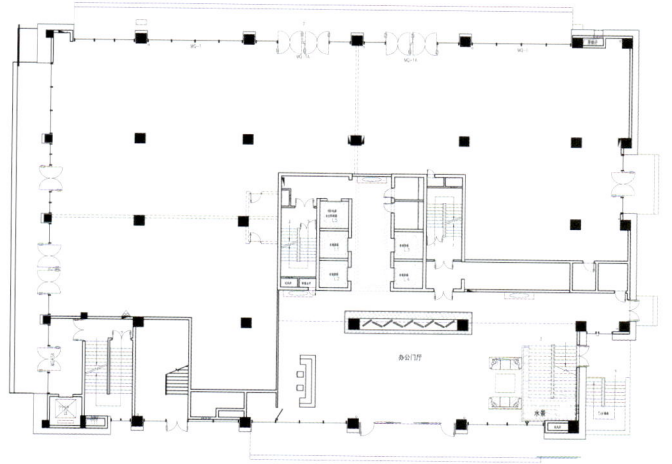

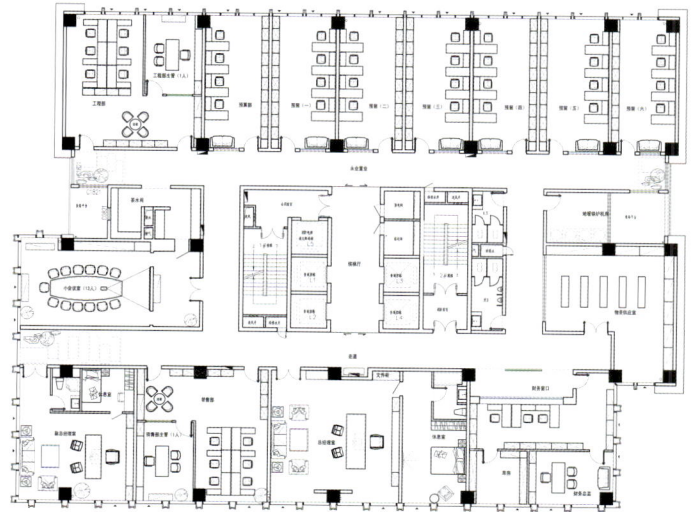

左1: 大厦外景
左2: 低调含蓄的入口接待处
右3: 富有中式底蕴的现代办公空间

左1: 长廊
左2: 中式风格的办公室
左3、右1: 深色彰显稳重
右2: 户外是园林般的营造方式

## 20

CHINA Interior design annual
**office**

科美塑胶是一家专业生产化妆品包材产品的企业。由于化妆品包材产品种类繁多（如唇膏外壳、粉盒外壳等），所以除了大量的生产注塑车间外，企业需要一个可以接待市场终端产品制造商、销售商（其中不乏类似于 Dior 之类的客户），用来展示企业形象的挑空大堂，以及向客人展示产品及达成采购的大型产品展示厅。所以，企业建造了一幢新建筑来实现这些需求。由于企业性质并不直接面对消费者和市场，所以设计师从企业本质角度出发，采用模块化，可持续循环使用的设计思维，来完成科美塑胶的室内设计。

采用了 1220 mm×600 mm×570 mm 的尺寸去制造一个长方形体的"单柜模块"，这个模块本身制造成一个可以储存文件及产品样品的单体柜子。大多数立面如电梯墙的分块，天花的灯光光缝分割，以及展厅柜子拼图式组合，都源于此"单柜模块"的模数变化而来。最终效果是天花板、电梯等从模块化设计中，戏剧性地展示了类似于博古架的块体分割效果，并蕴含了中国人文的一种简约姿态。

设计单位：汕头市蓝鲸装饰设计有限公司
设计：陈易骏（陈骏）
面积：1500 m²
主要材料：抛光砖、黑色不锈钢、钢化玻璃、镜面、乳胶漆、调色聚酯喷漆
坐落地点：汕头市金平区潮汕路科美工业园
完工日期：2013年12月
摄影：邱小雄

# OFFICE BUILDING OF KE MEI PLASTIC CO MPANY

## 科美塑胶办公楼

基于生产成本考虑，这是企业业主最重视的问题，运用可持续发展的设计思维，"单柜模块"从大堂背景墙到产品展厅甚至于办公室，以叠加、错位、堆积等各种排列方式存在于各个空间之中，以使用者所需要的形式，以插榫定位的工艺实现随时的组合。实际上，这个"单柜模块"在建造新建筑的过程中，已经先期设计使用在老展厅中，我们在新建筑完工后只做了一件事，把这些组合拆开，变回"单柜模块"，并搬到新建筑中，根据现场空间设计重新排列，并加做少量必要的衔接部件，如过道门、框线造型，如此而已。

当然在新建筑中，除了堆砌"单柜模块"外，还在空间指引，如电梯间在挑空层的明亮色彩的指引，以及巧妙运用镜面的垂直空间的暗示指引，有效地将客人指引至位于三楼的和美丽相关的产品展厅，并可透过展厅外墙的拼图窗口，有趣地看到展示厅内部的细节。设计师也不忘在软饰上配置了与这场美丽邂逅相关的孔雀和花的浪漫主题。

左1: 大堂入口处
左2: 接待大厅形象墙
右1、右2: 大堂

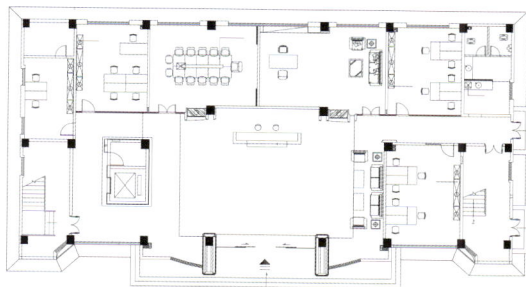

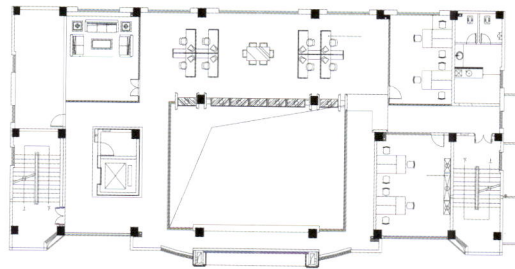

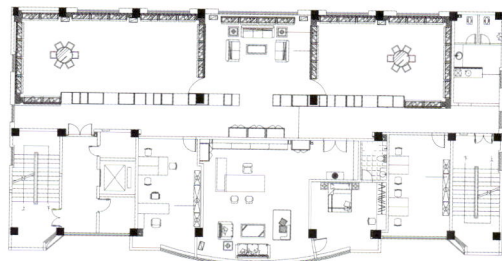

左1：走道

左2：电梯厅的墙面

左3、右1、右2、右3："单柜模块"以叠加、错位、堆积等各种排列方式存在于各空间之中

## 21

CHINA Interior design annual
**office**

设计：陈颖

参与设计：陈广晖、李穗、吴明清、陈腊梅

面积：33000 m²

景观面积：21000 m²

坐落地点：深圳宝安区观澜高新技术产业园

完工日期：2013年9月

摄影：陈中

华润三九医药企业总部是一个整合了建筑设计顾问、室内设计、景观设计服务的大型企业总部办公项目。前瞻性地争取到大量介于室内与室外之间的灰度空间，和中庭相互渗透交融，几乎每一个角落都可以看到绿色植物，增进了人与建筑、人与自然的交流，员工的共享交流品质得以大大提升。注重全面的成本控制，运用精细的金属玻璃等工业化产品构建明朗、轻快、时尚的空间调子，表达透明、开放的企业文化，树立了全新的华润三九医药企业总部形象。

对于企业总部办公空间设计方面，一贯的要求就是：要保持先进地位，就得带领潮流，而非跟随潮流。如何令空间设计先人一步，就要把眼光放到不断变化的市场，对信息流通及空间移动的需求也与日俱增。精明的企业主，往往需要寻找充满动感、外型吸引、细节丰富、与众不同的设计，同时又要控制成本输出，华润三九作为上市企业，需要面对股东对他们的钱花到哪里去了的审查。所以，设计首先要对总部空间的主流趋势有着清晰明确的观念，找出符合构想的空间组合与构造空间的比

# HEAD OFFICE BUILDING OF CHINA RESOURCES SANJIU MEDICAL & PHAR MACEUTICAL CO., LTD.

## 华润三九医药企业总部办公楼

例，使人感觉到空间比实际尺寸更为宽敞。同时，设计也充分考虑到企业员工在这个大企业的小社会内的生活需要，如社交、阅读、健身、培训等，所以空间的设计必须经得起时间考验，与时俱进，并与企业的品牌和谐共生。

企业的办公、研发、实验、生产四种空间在一个三九医药产业园内统一起来，凭着简洁悦目、具有雕塑美的温暖设计来吸引企业人并形成归属感。整个系列的空间都围绕着人的工作和生活来展开设计，几栋办公楼与科研楼之间各有性格并形成一个整体，公众透过一系列完整的空间可体验到华润三九医药品牌所传达出的自信。

华润三九医药企业总部历时三年的设计与建设，选择环保材料以循环再生。办公空间运营后，树立起全新的医药企业形象，助力企业在全国医药生产及市场的全盘布局，实现了资本的快速增值。

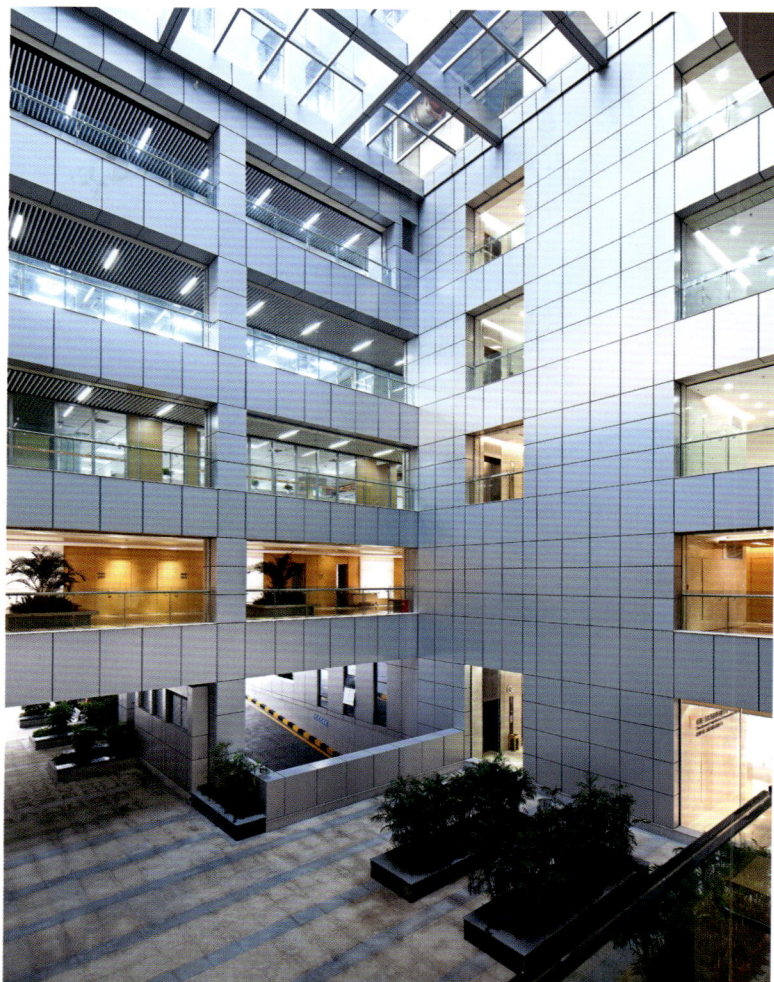

左1: 华润三九的外立面
左2: 碧波之上的小道
右1、右2: 大气的公共空间

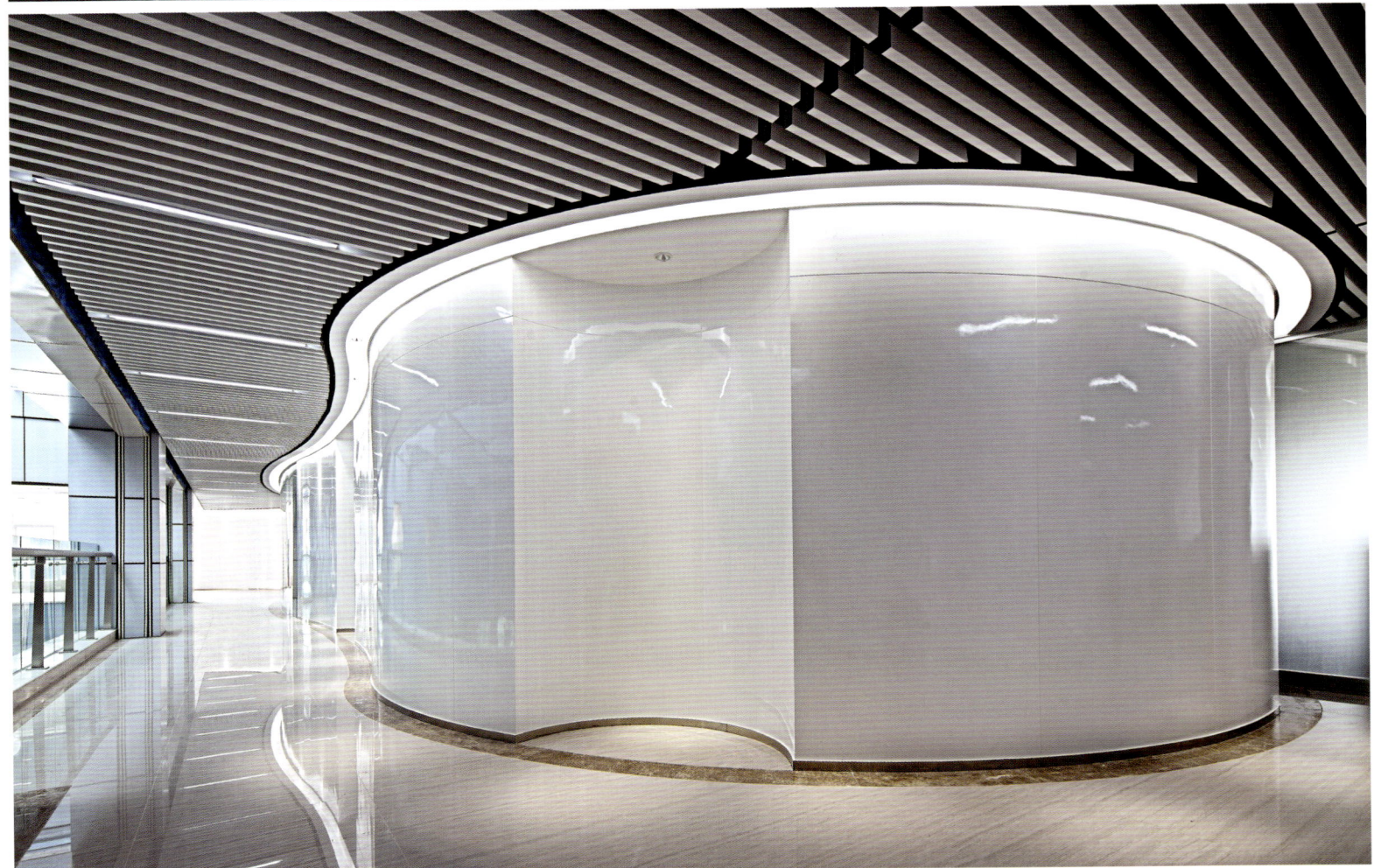

左1: 鲜艳的椅子点亮了空间
左2: 直线与圆弧的对比
右1、右2: 明朗轻快的长廊

## 22

CHINA Interior design annual
**office**

工作室位于中国宋庄艺术区，这里是世界上唯一拥有六千位原创艺术家，并在此生活工作的原生态部落，它宁静而又充满了蓬勃生机。整体设计追求生态环保和朴实自然。艺术与空间相容，自然与空间相容，人与空间相容，无拘无束，自由挥洒。工作室临街，400m² 的上下两层，南北向入口呈三角形斜入，东向玻璃落地增加采光，随意自然。室内一层为安静的画廊和影音室，通过大花白石板构建的平行于大门入口的方体，以及白石沙和水泥踏步组合成的蕴含禅意的软连接得到平衡。蓝色地毯满地，沿踏步而上，拦边留白。原木底座香薰，点亮二层，檀香透满上下空间。梯上悬吊的红色喇叭构成形体与二层入口吧台形成呼应，和原毛坯水泥顶形成张力，空间充满浓厚的艺术气息。多色的混拼地板活跃了空间，现代与复古家具混搭使空间在现代中不失厚重。开放的空间任由家具组合，照明随需而定，空间如人，人亦如空间。

设计单位: 北京龙灯个案设计有限公司
设计: 熊龙灯
参与设计: 孙晶
面积: 400 m²
主要材料: 实木复合地板，乳胶漆，石膏板
坐落地点: 北京通州区中国宋庄艺术区环岛西街
摄影: 石硕

# SONGZHUANG ART STUDIO

## 宋庄艺术工作室

左1: 室内展示空间

右1、右2、右3: 白石沙和水泥踏步组合成蕴含禅意的软连接

左1、左2: 多色的混拼地板活跃了空间
右1: 充满激情的雕塑
右2: 现代与复古家具的混搭

设计单位: 梁志天设计师有限公司
设计: 梁志天
面积: 362 m²
坐落地点: 香港铜锣湾希慎道33号利园商场
摄影: 陈中

# AN NAM

## 安南餐厅

梁志天先生最近再添力作,于香港铜锣湾利园开设精致高雅的越南餐厅"安南",完美演绎现代设计与传统美食之精髓。梁氏巧借空间布局,因地制宜,将温婉恬适的法越风情带到繁华都会,令客人身处闹市也能体验别具一格的异域情怀,细意品味视觉与味蕾的盛宴。梁志天说道:"安南餐厅通过捕捉越南设计风格的艺术精髓,以现代手法和细腻的布局,把优雅秀逸的越南风情带到繁嚣的城市中心,展现由历史文化淬炼而来的独特魅力。"

越南,古时称为"安南",因与中国接壤,且曾在明朝与19世纪中叶分别由中国及法国统治,孕育出集东方美与法属殖民色彩Indochine的设计风格。设计师以现代的笔触、具标志性的湖水绿色为主调,配合来自越南的传统陶瓷地砖及仿古家具装饰,建构出带有淡淡的Indochine特色的现代空间,令客人身处闹市中的越南餐厅,也能于其妙笔下品尝中法交融的高雅情怀。

步出电梯,来到接待处,湖水绿色的特色背景墙中央以各式的咖啡色中式门板及

窗花拼凑而成，衬托着前方接待处的仿古地灯和台灯。

沿着铺上传统图案瓷砖的长廊走进去，左边的贵宾厅中央摆放着圆形木餐桌与暖灰色布餐椅，在东南亚色彩的吊扇下泛起丝丝清风，淡雅写意。长廊右边是卡座区，一列湖水蓝色的绒布长椅之间，以简约的中式屏风稍微分隔。靠墙的一列百叶窗、窗花及仿古镜子在绿意盎然间，散发婉丽秀雅的气质。

沿着长廊再往前走就是主餐区，整个区域采用弧形布局，沿用长廊上的传统图案瓷砖，墙身以富有当地色彩的艺术挂画作点缀，衬上古董家具、丝质吊灯等，令整个空间弥漫法式浪漫。餐后，客人可与三五知己步入露台把酒言欢，沉醉于醇香美酒之间。天花垂挂着的吊灯渗透柔柔灯光，映照着深木色的仿藤餐桌、湖水蓝色布的藤椅、人字拼花的木地板，为一片惬意的氛围增添贵气，展现 Indochine 的优雅魅力。

左1: 餐厅接待处
右1: 咖啡色中式门板及窗花拼凑成的背景墙
右2: 靠墙的一列绿色百叶窗与光线柔和的仿古吊灯相辉映，散发婉丽秀雅的气质

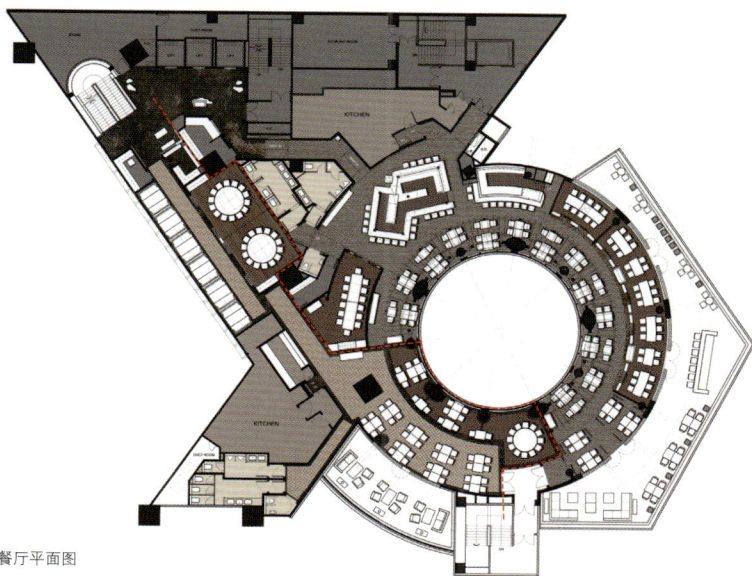

餐厅平面图

左1、右1: 墙面以湖水绿色为主调
右2、右3: 包间

由于冷峻金属的大面积使用,使亲和饱满的美式餐饮空间平添了一丝贵族气质,品质感与丰富度造就的混合性格尤其适合小资阶层的口味,这也正与项目所在基地印象城的时尚年轻的主力目标群高度吻合。

在内容逻辑线上,鱼和渔以多趣味、多形态,与相应的英文语境以手绘、涂鸦、素色线描等表现方式出现。类似粗粝、充满视觉张力的胶片电影,传达出自由、宽适的表意,同时异域的调性显著易识。在空间表情营造上,理性的黑白背景基调与多色的食材、艺术品及其他陈设形成了从心理到量感上的均衡稳定。

设计单位:无锡上瑞元筑设计制作有限公司
设计:孙黎明
参与设计:耿顺峰、胡红波
面积:苏州印象城店950 m²/苏州圆融店920 m²/扬州虹桥坊店1350 m²
主要材料:新古堡灰石材、钢板、陶土砖、实木板、黑色地砖
坐落地点:苏州印象城/苏州圆融广场/扬州市大虹桥路

# TORONTO CAFETERIA CO MPLEX

## 多伦多海鲜自助餐系列(苏州印象城店)

左1、左2: 相应的英文语境以手绘、涂鸦、素色线描等表现方式出现

右1、右2、右3、右4: 理性的黑白背景基调与多色食材形成从心理到量感上的均衡稳定

# restaurant
# TORONTO CAFETERIA CO MPLEX
## 苏州圆融店

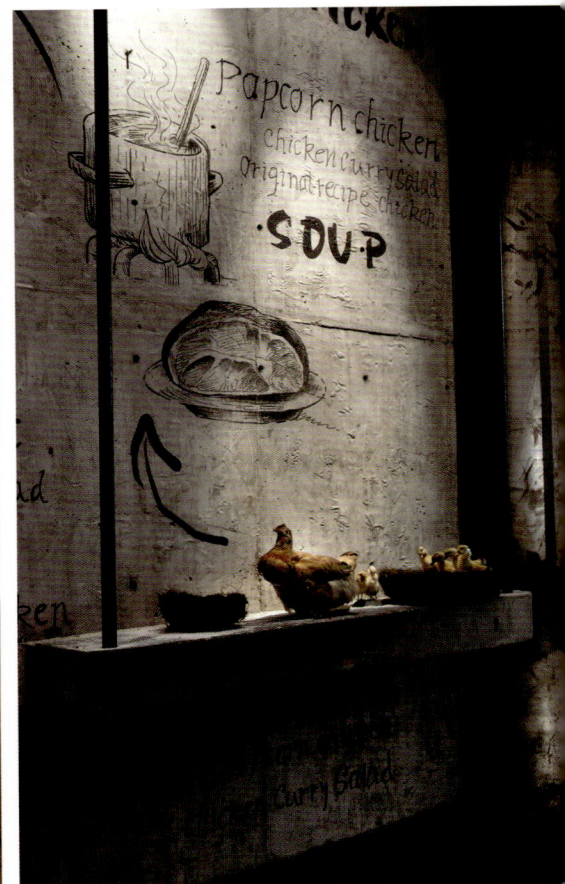

项目位于苏州金鸡湖畔，国际化调性鲜明，整个空间呈现出浓厚的美式西部韵味。在个性塑造上，突出自然、野趣、农场和不拘的 LOFT 融合，契合了新城市核心中潮酷阶层的审美特征。在空间架构上，全开放与半开放结合，并通过不同的色彩与陈设区块，自然形成不同的情境空间，统一的空间气质下又有微妙的变化，大大丰富了目标客户群的多维就餐体验，通过所有的细节，消费者会看到空间生动饱满的丰富表情，如不同款型色彩的凳子、平面线描涂鸦、以及流溢的英语意识、自然形态剪影、粗粝的墙和实木、马赛克等。

左1、左2、左3、左4: 不同的色彩与陈设区块，自然形成不同的情境空间
右1、右2: 墙上是随性的平面线描涂鸦

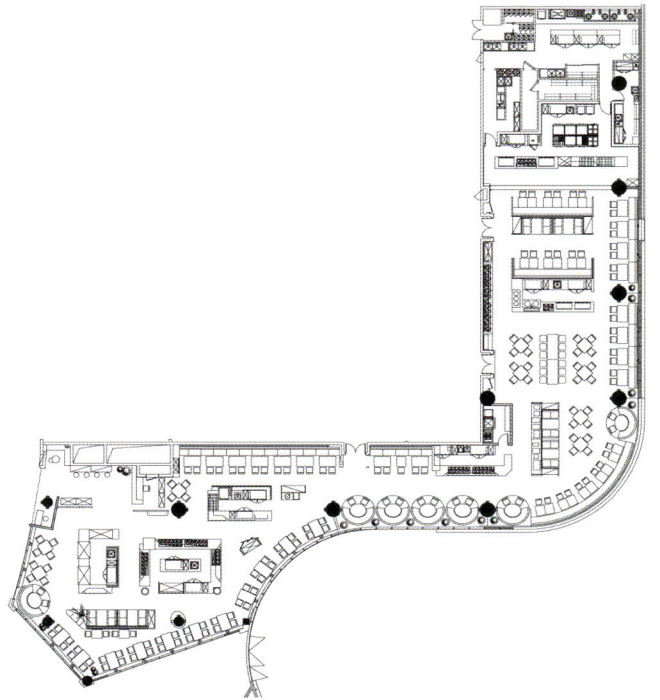

整个空间气质简洁、挺拔、俊朗、明快而充满力量。大块面的空间切割，为丰富的食材堆摆，材料的粗细对比，色彩的冷暖对比，器皿陈设的拙丽对比，预留了充分的展映余地。英文报纸、各国文化符号、纵向规则的条格、异域的窗型和图文，无不在文化格调上充分彰显小资阶层的审美趣味。整体空间清扬雅致，营造出散淡自由的慢生活情境。

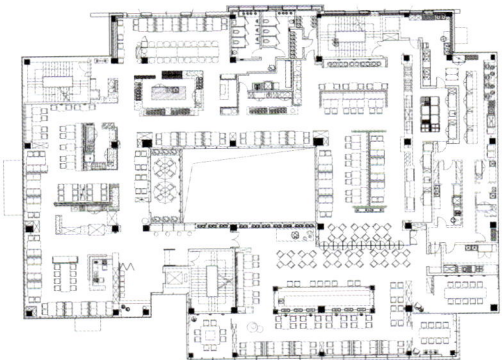

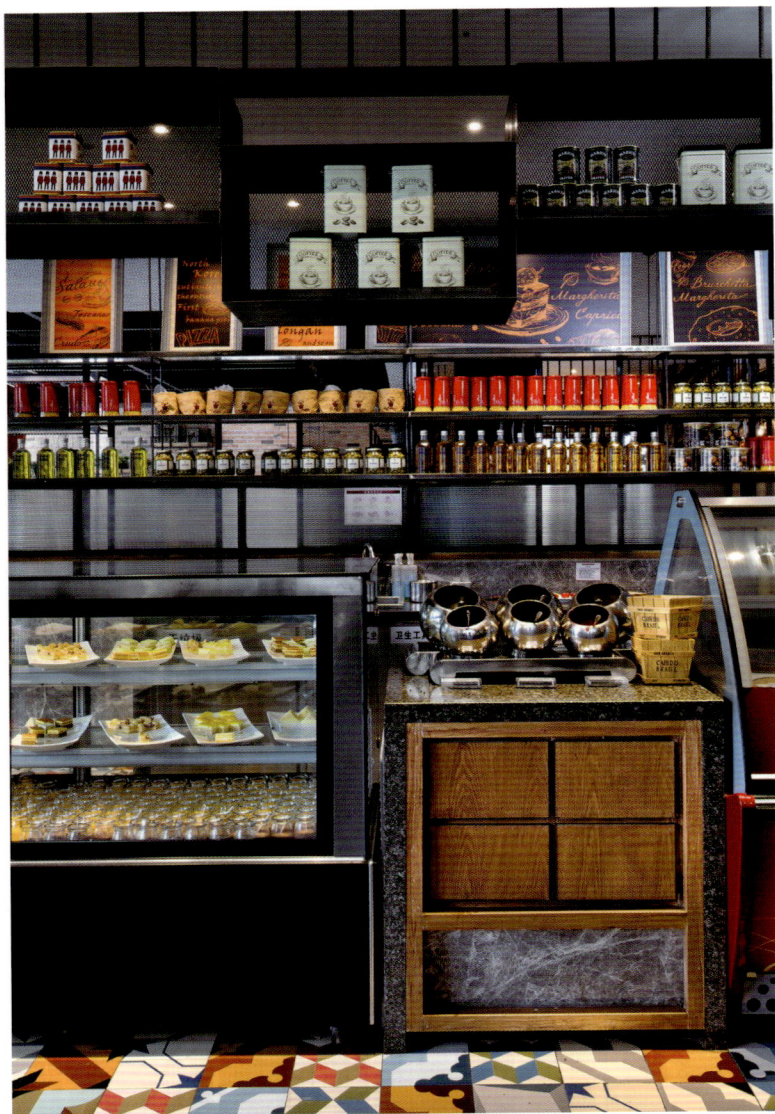

restaurant

# TORONTO CAFETERIA CO MPLEX

## 扬州虹桥坊店

左1、左2、左3: 冷暖色彩的对比
右1: 异域的窗型彰显小资阶层的审美趣味
右2: 明快而充满力量的空间气质

这是一家以菌菇为主要食材的火锅餐厅,故名"蘑煮坊"。为了让餐厅具备过目不忘的视觉效果,设计师选择了三条设计线索:维多利亚时期的海报图案、绿色植物墙、用陶瓷制成的瓷蘑菇。

复古而带有神秘感的海报图案以黑白的色调被运用在了柱廊、矮隔断、备餐柜及局部地面上。希望让人们联想起扑克牌、魔术,或是杂耍表演的剧场。

绿色的植物墙在单色调的空间中显得格外有生机,除了作为走廊的端景还作为主餐区的屏风。并由此使得无论身处餐厅内外,都能让相互观察变得饶有兴趣。

瓷蘑菇是专门为了本案而设计和烧制的。500多个形态各异的蘑菇被运用在吊灯、吊顶和墙面上。仔细观察会发现,这些蘑菇造型经过了变异,带有荒诞滑稽的新面貌。

除了以上三个主要手段,餐厅的家具、灯饰、挂画、靠枕等细节都在营造一种幽默轻松的氛围,让食客获得更多除美食之外的用餐体验。

设计:陈广暄

参与设计:魏志翔、乔阳

主要材料:红砖花式砌筑、定制黑色铁艺、户外防腐木地板、中国黑石材水洗、黑白大理石水切割地花、绿植墙、花旗松实木做旧墙板、黑色墙面定制手工画、墙板打印图案等

坐落地点:安徽省马鞍山市雨山湖公园北门西侧广场3号楼

完工时间:2014年1月

# MUSHROO M·STEWING RESTAURANT

## 蘑煮坊

左1: 餐厅入口

右1、右2、右3、右4、右5: 变异的蘑菇带有荒诞滑稽的新面貌

左1、左2、左3、左4：复古而带有神秘感的海报图案以黑白的色调被运用在各处
右1：瓷蘑菇是专门为了本案而设计和烧制的

## 04

CHINA Interior design annual
**restaurant**

设计单位：大石代设计咨询有限公司
设计：戴其业
面积：730 m²
主要材料：红砖、桑拿板、实木板、黑铁板、灰瓦、仿古砖、生态木
坐落地点：石家庄市和平路与平安大街交叉口
完工时间：2013年12月
摄影：邢振涛

炫渔时尚烤鱼餐厅位于石家庄市东盛广场内，建筑面积为 730m²，消费人群定位以80、90后为主，公司上班一族、情侣及附近居民为辅。餐厅设计风格首先要与名字相匹配，在设计手法上迎合了餐厅名字中的"炫"字，在环境性格塑造上猎奇时尚又不失稳重。

餐厅在布局上以超大形式感铁炉为中心，进行了多个围合小空间的分割，连续的弧线消减了空间的棱角，柔和流畅的线条带动了空间的走势。空间调理有秩，分区明确，既分割又通透。超大形式感铁炉从体量上给人以视觉上的震撼，拉近了空间与食客们的距离，向食客们传达出交流与互动的信息，同时又增加了食客们对产品的信任与好奇。

在材料上以红砖、桑拿板、实木板、黑铁板、灰瓦、生态木等传统常规材料为主，看似简单的材料因为不同的处理手法，使其显示出材料本身属性以外的东西，历史感和新潮时尚感并存。照明处理上以重点照明营造相对私密的小氛围，昏暗的灯光

# XUANYU FASHION FISH-GRILLED RESTAURANT

## 炫渔时尚烤鱼餐厅

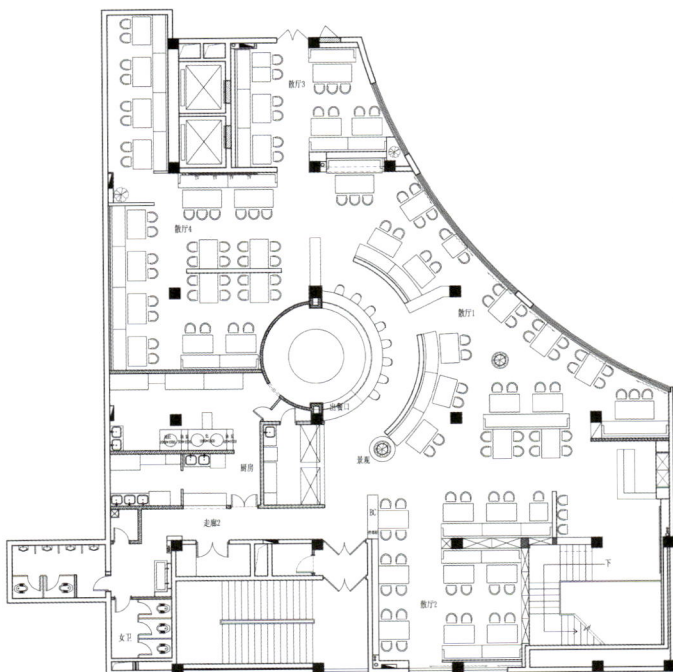

使空间充满了浓烈奇幻，恰若空中洒落的点点繁星，温存却又略带神秘，触动食客们内心的隐隐好奇。

设计师通过材料的肌理以及细节的表现，充分运用充满想象力的方式叙述空间的概念，在满足了商业需求的同时，更强调空间的氛围，突出了炫渔时尚烤鱼餐厅的个性与品位。

左1、右1、右3: 墙上的鱼形装饰凸显餐厅主题
右2: 餐厅一角

左1、左2: 多个分割围合出来的小空间

右1、右2、右3: 照明处理上以重点照明营造相对私密的小氛围

设计单位: LSD studio
设计: 李强
参与设计: 徐童
面积: 270 m²
主要材料: 木材，板材
坐落地点: 四川省自贡市丹桂大街
完工时间: 2014年3月
摄影: 李强

记得是 2013 年的年底，店主说到想开一间喜多这样既时尚且有特色的甜品店，但是一直在犹豫这间铺子格局是否会是一个能设计出很好效果的空间。因为平面形状是个加长版的"L"形，而且是个层高 5m 的斜屋顶空间，这对很多客户来说都会认为是个不好设计的不规矩空间，但我爽快地回答了："很好，就要这个店，这样的空间玩起来会更有意思，也会做出很有创意的空间。"于是我们便展开了如何让这个空旷的"L"形动感起来的奇思妙想。

整个平面通过设计后对外分为户外外摆区、散台区、沙发区、半包区域及多功能活动区域。根据操作使用功能分为水吧区、蛋糕烘培区以及简餐厨房区。

设计中有两处的搭建改造，一个是室外外摆区的改造搭建，外摆区位于餐厅的门前，有十几阶楼梯和邻家商铺的过道，显得很平淡及杂乱；另一个是"L"转角处利用层高及倾斜屋面搭建围合出的另一个相对独立的挑空空间，在这里又可以另一个视角来感受全场。通过设计后很好得提高了外摆区的实用性及舒适性，并且将室外的

# MOMO XIDUO
# (ZIGONG STORE, SICHUAN)

## MOMO喜多四川自贡店

围栏、踏步结合室内的卡座、水吧以及搭建的平行四边形平台，通过"纽带"的构思联系在了一起，从水平到立体贯穿起整个空间，别有趣味。恰巧餐厅是以甜品烘焙为主，便赋予了其非常诱人的黄色系，整体灰调背景色的衬托使得主打色更显夺目。围绕着"黄色纽带"，在家具、艺术品、灯饰上也多以黄色来点缀，黄色灯泡吊线灯丰富了空间的灵动感，一些以黄颜色为代表的动漫人物如小黄人、猥琐的香蕉人也加入到了餐厅。

餐厅所在地四川省自贡市可是出过恐龙的地方，这一点令我们非常兴奋，特意去参观了当地的恐龙博物馆。为了凸显这一当地特色，精心留出了巨大的一面墙涂鸦上3D的恐龙立体画，水吧的储物空间也设计了以长颈龙为题材的仿生家具。通过这两处的设计加强了地域特色也丰富了整个空间及氛围，使得平时电影中才能见到的刺激在现实中也能感受到，成为了一个即是外来文化又能作为当地名片的代表。

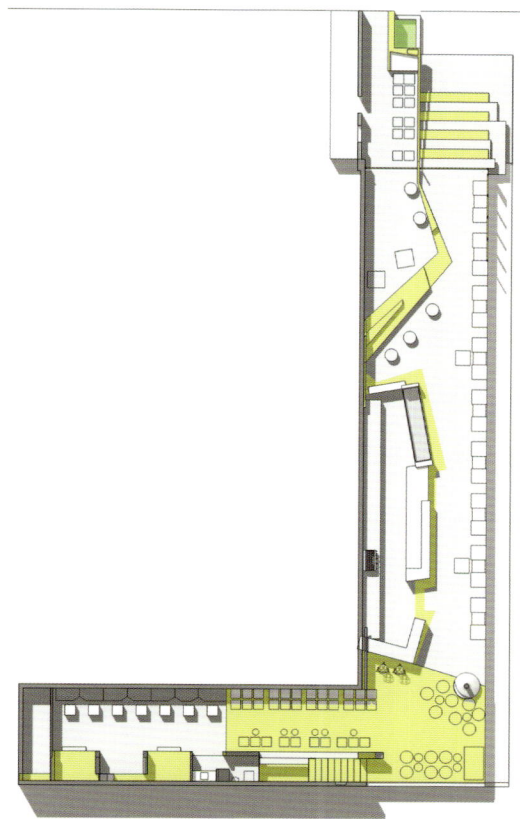

左1、左2、右1、右2: 诱人的黄色系在灰色背景色的衬托下更显夺目

111

本案跳跃的色彩对比，各种材质的质感对比，丰富多元形态各异的陈设系统，在统一的仪式感的空间结构里，获得了均衡，呈现出皇家空间共同的价值追求。注重品质感的呈现，强调雍容高贵，推崇细节的精致考究，在色彩运用上既尊重"皇家风范"的喜好，又通过恰当比例的热情亮丽的局部，展现出时代气息，与粤菜的高端属性和个性化特质形成性格上的契合。

设计单位: 无锡上瑞元筑设计制作有限公司
设计: 范日桥
参与设计: 铁柱、郭旭峰
面积: 4000 m²
主要材料: 中华白、柚木、水曲柳木面、老木板、皮革
坐落地点: 无锡金城湾公园凤凰岛

# ROYAL JUNYI RESTAURANT
## 皇家君逸餐厅

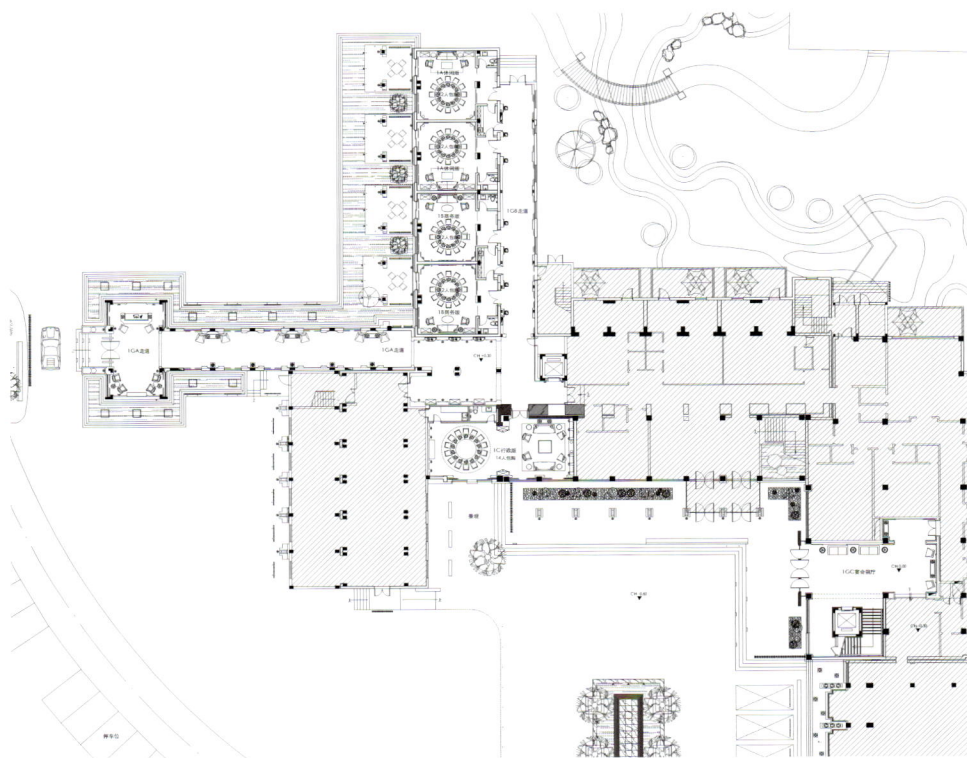

右1、右2、右3: 局部是热情洋溢的黄绿色

CHINA Interior design annual
restaurant

07

马仕玖煲位于新疆阿克苏，是一家主营汉餐的直营连锁店，遍布新疆各地州，主打以煲为主的菜品，口感美味，定位于中端餐饮市场。经过设计师与业主团队的沟通，本案以中式为底蕴，搭配出跳的色彩，打造一个时尚、简洁的现代中式餐厅。

灰色、白色、黑色为本餐厅的主色调，湖蓝色为辅色，设计师巧妙地将这几种颜色穿插使用，融合一起，灰白黑诉说着中式经典，而蓝色增添了活跃的氛围，蓝白的结合凸显了时尚气息，表达对清雅含蓄的东方式精神境界的追求，使人以现代的眼光感受中式的文化。

餐厅的功能布局分明，整体规划动线流畅。入口前厅以黑色为主色，巧妙运用包间的灯光，透过简单流畅的线条隔墙，暖意洒来，备感温馨。地面则是光面如镜的黑色花岗岩，与顶部的斜边条镜上下呼应，拉伸了空间感，使来客进厅便感视

设计单位: 叙品设计装饰工程有限公司
设计: 蒋国兴
参与设计: 唐振南、李海洋、韩小伟
面积: 1800 m²
主要材料: 花岗岩、方钢、砖、壁纸、布艺
坐落地点: 新疆阿克苏
完工时间: 2013年11月
摄影: 蒋国兴

# MA SHIJIU STEW (AKSU STORE)

## 马仕玖煲阿克苏店

觉开阔。透光的木格前台倒影地面，别有风味。散座区以白色圆管组成的鸟笼圆形卡座，弧形的线条柔化了中式简练线条的生硬，半开放式的鸟笼隔断设计不阻碍视线，整个大厅尽收眼底。散座大厅以白色为主调，蓝色的沙发垫做铺垫衬托，有别于前厅的大气，整体表现得更清新自然。边窗用不规则的条型木条隔断饰墙，浓厚的浪漫气息扑面而来，带来不一样的情愫。在餐厅包厢区，设计师利用原空间的结构，规划了大小不一的包间。这种合理的分布既不浪费空间，也能迎合不同人数的客户群体。包间以灰色为基调，中性的颜色予人舒适感，原始漆白的裸顶保持了包间的高度。墙面上精雕细琢的瓷盘艺术画，简约中式的吊灯，形成格调高雅、造型简朴优美的就餐空间。

身临其境，来客感受到的是餐厅内蕴含着的古老华夏的神秘魅力与现代活跃的时尚氛围。

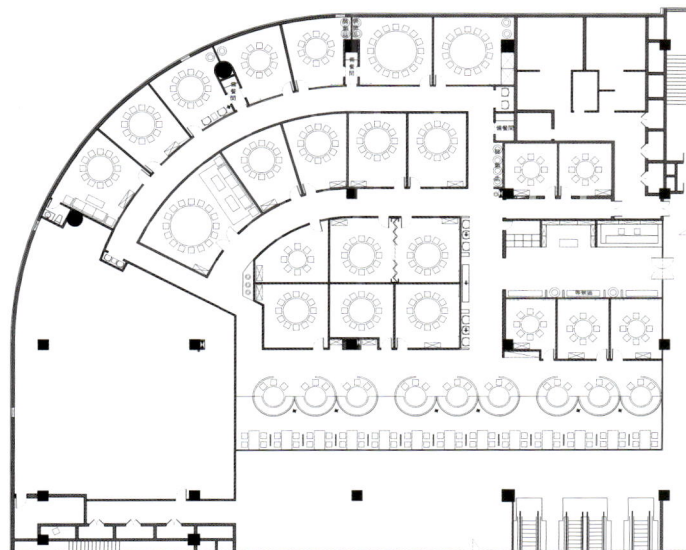

左1、右1: 灰白黑诉说着中式经典，而蓝色增添了活跃的氛围

左1、右1、右2: 半开放式的鸟笼隔断设计不阻碍视线

斑驳的船板，林立的船桨，撑开的渔网，水母般的吊灯，整间餐厅如同满载收获归来的渔船，带着经历风雨后的自豪与坦然，场景般的就餐空间塑造，给顾客带来更新鲜的品食体验。

CHINA Interior design annual
**restaurant**

设计单位: 内建筑设计事务所
面积: 260 m²
主要材料: 老木头、丝网
坐落地点: 福州
完工时间: 2013年12月
摄影: 陈乙

# YULI RESTAURANT

## 鱼里餐厅

左1、右1: 斑驳的船板铺设在墙、地面上

左1、左2、左3、右1、右2、右3: 天花板上的船桨、水母般的吊灯

## 09

CHINA Interior design annual
**restaurant**

设计单位: 杭州观堂设计

设计: 张健

面积: 300 m²

主要材料: 木头、回收的锅碗瓢盆等

坐落地点: 杭州百货大楼

完工时间: 2014年2月

摄影: 刘宇杰

三上日本料理源自香港, 以新鲜的物料、平民的价格、不断推陈出新的菜品出名, 近年来发展迅速。

多次沟通后, 业主希望百大店更具特色、能带来强烈记忆点, 设计师由此提炼出别具一格的"记忆"主题, 在店铺整体中随处可见记忆的痕迹。

蓝边陶瓷碗、铝水壶、铝饭盒、热奶锅、饭勺、复古灯泡等, 材质朴实, 价位低廉, 却都花费一番心思, 设计师向这些道具注入设计创意, 将其改造成照明灯源、装饰灯源等, 简洁不简单。用四处收集来的废弃酒瓶, 精心选择绿色和透明色两种, 通过平面手法排列组合, 营造出别具一格的墙面。

考虑到三上是日式料理, 设计师还四处收集来旧时的瓷盘、瓷碗、瓷碟、瓷杯等, 多以青花图案取胜, 大部分可追溯至明清时期老瓷器, 以这些难能可贵的瓷器来装点墙面、做成隔断。

整体空间内再融入日式暖帘以区分各个区域, 温馨简洁大方有特点的三上日料呼之欲出。

# MIKA MI JAPANESE CUISINE

## 三上日本料理

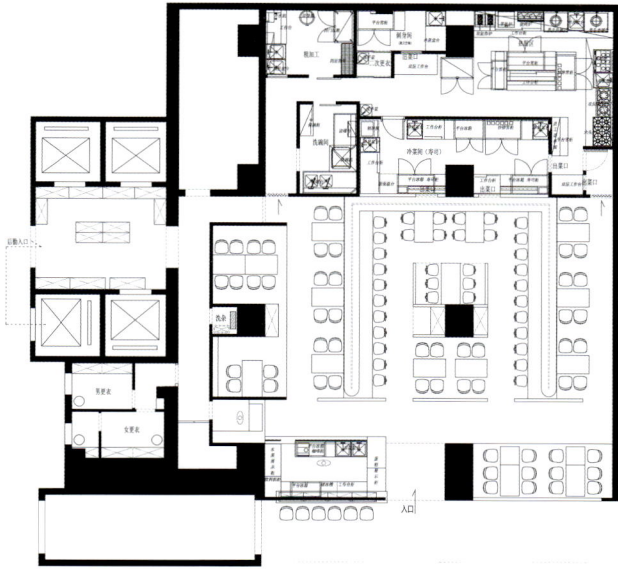

左1、左2: 餐厅入口

右1、右2: 铝水壶和铝饭锅做成的灯具

右3: 瓷器装点墙面做成隔断

127

## 10

CHINA Interior design annual
**restaurant**

设计：陈广暄
参与设计：魏志翔
室内VI设计：朱旭
主要材料：杂色做旧墙板、灰色防滑板岩砖、孔雀蓝实木墙板、红砖做旧墙面、定制铁艺、户外太阳伞及壁纸等
坐落地点：江苏省南京市江宁区万达商业广场4F
完工时间：2013年12月

给高贵典雅的古典造型抹一层戏妆，让柴米油盐的市井厨房登一回大雅。这是本案设计的主要思路。

餐厅的入口是由做旧的木制镶板墙作为铺垫，并被抑制为孔雀蓝的色调。这让矜持的古典造型因为嬉皮的色调而降低了身段。一个被放大的茶杯成为入口处的视觉重点。以餐具炊具为装饰的元素始终穿插在整个空间当中。餐厅的主要桌椅虽保留了古典造型却铅华尽褪，露出了本来的材质。皮革加上铆钉的座椅靠垫有了些许朋克风范。

整个餐厅面积不大，经过多次的划分与穿透，产生了丰富的空间关系和层次。中心用餐区直接采用了两把户外太阳伞作为吊顶，四周接近天花处的挑檐造型布置了大量的装饰品，如同进入了一个藏品的丰硕私家宅院。桌面的美食似乎也成了主人私家厨房提供的一份款待。

# HAOJI RESTAURANT

## 好记小厨

左1、左2：以餐具炊具为装饰的元素穿插在整个空间当中
右1：一个被放大的茶杯成为入口处的视觉重点
右2：做旧的木质镶板墙作为铺垫

左1、左2、右1: 皮革加上铆钉的座椅靠垫有些许朋克风范
右2: 就餐区

## 11

CHINA Interior design annual
**restaurant**

空间突出亲和的调性，舒缓雅致的背景下，勾勒出属于穿越在古典和现代之间的"家"的轮廓，带来温馨的记忆。橄榄绿在金属黑的结构体下、自然的浅木纹在米黄的线描图形背景中、野趣的藤编在粗粝的粉墙前，既产生对比之美，又在量感上获得均衡的处理，共同勾兑出和谐之美和亲近之境。同时又因国际化设计手法的应用而徒生了业态的品质感与时代性，既符合了"快时尚"消费的平朴，又形成了个性化高尚餐饮的品牌形象。

设计单位：无锡上瑞元筑设计制作有限公司
设计：孙黎明
参与设计：耿顺峰、陈浩
面积：430 m²
主要材料：新古堡灰石材、钢板、陶土砖、实木板、黑色地砖
坐落地点：扬州文昌中路时代广场
完工时间：2013年8月

# YANGZHOU DONGYUAN RESTAURANT

## 扬州东园小馆

左1: 小馆外景
右1: 鸟笼和绿植带来自然的趣味

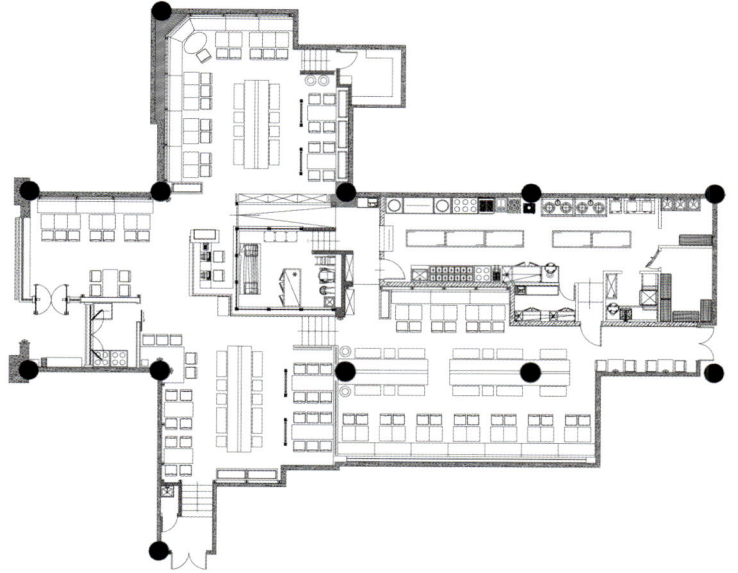

左1、左2、左3、右2: 自然的浅木纹在米黄
色的背景中产生对比之美
右1: 粗粝的粉墙

## 12

CHINA Interior design annual
**restaurant**

设计单位: 叙品设计装饰工程有限公司
设计: 蒋国兴
参与设计: 唐振南、李海洋、韩小伟
面积: 900 m²
主要材料: 壁纸、木地板、微晶砖、中式木格、大理石砖、条镜
坐落地点: 新疆乌鲁木齐
摄影: 蒋国兴

"门迎天下"火锅店位于新疆乌鲁木齐一条繁华的商业街上。如何在作为主流的火锅餐饮行业中脱颖而出,特立独行,打造富有特色的餐品与独特的空间环境思想,这个以"青花瓷"为主题的火锅店应运而生,出现在人们的视野中。

设计师以"青花瓷"的色彩为主题,意境作景,打造一个明朗、大方、高贵的餐饮空间。"青花瓷"又称"白地青花瓷",简称"青花",多以白底蓝纹为主,蓝白相映,晶莹明快,怡然成趣,美观隽久。白色是整个空间的主体色,蓝色为辅色,融入中式空间的元素及意境为主题风格,衍生出一种全新的中式风格。餐厅的整体布局动向明朗、流畅。大厅顶部以条镜铺饰,美观中也拉伸了空间高度。右边是清爽开敞的白色散座区,让人豁然开朗。白色的裸顶,白色的地砖,白色的餐桌,蓝色的鸟笼灯,蓝色的窗框饰面,无不流露出青花的高贵素雅之态。沿着精致的半通透白色木格过道,是餐厅的包间区,同样秉承了大厅的蓝白色系,青花之态无不显露。银箔饰顶,白色肌纹壁纸,青花饰品的点缀,高贵素雅的体态呼之欲出,与大厅遥相呼应。

# MENYING TIANXIA

## 门迎天下火锅店

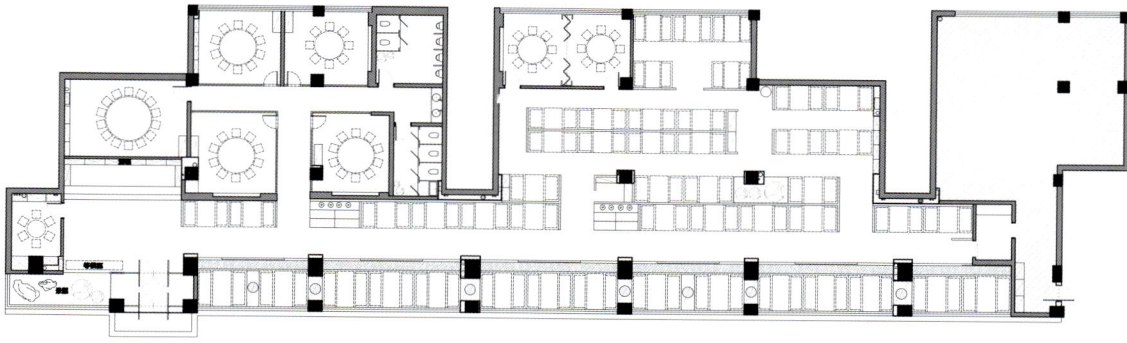

左1、右1、右2：白色是主体色，蓝色为辅色

蓝色的意，白色的境，加之现代中式的美，仿佛诉说着遥远过去的一段美丽故事，形成了一个幽雅美观、明净素雅的餐饮空间，令人流连忘返。

左1、左2: 清爽开敞的白色散座区
右1: 精致的半通透白色木格显露优雅的青花之态

云鼎汇砂——蓝堡湾店讲述着空间与郑州这座美丽城市文脉的点点滴滴。空间的开阔感、一个空间到另一个空间的延续感、以及自由自在不受拘束的感觉，这些感觉的实现对完整的空间流动感来说非常重要。旧报纸装饰的天花、水曲柳面板复古的墙面、仿古砖的地面铺装、现代的艺术玻璃以及郑州老城区的照片，再配合材料的现代装饰手法的处理，使其由内而外散发出厚重、浓郁的艺术魅力。

无论是空间的外形还是细部设计，都体现着精致，与众不同的风格和情调却传达着云鼎汇砂的个性与温馨。一切秩序有当，沉淀的艺术在这里交错翻飞，仿佛每一处都藏匿着一个故事。

设计单位: 河南鼎合建筑装饰设计工程有限公司
设计: 孙华峰
参与设计: 胡杰
面积: 260 m²
主要材料: 水曲柳饰面板、仿古砖、旧报纸、艺术玻璃
坐落地点: 河南郑州
摄影: 孙华峰

# YUNDING HUISHA (LANBAOWAN STORE)

## 云鼎汇砂——蓝堡湾店

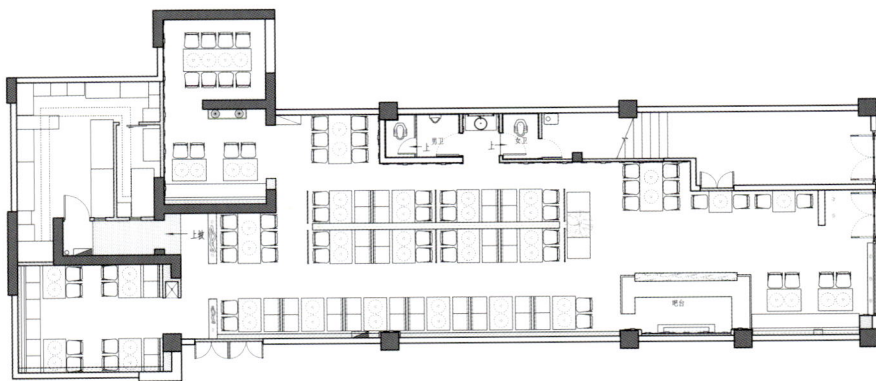

左1、右3: 英文字母点缀在粗粝墙面上
右1、右2: 墙上是郑州老城区的黑白照片

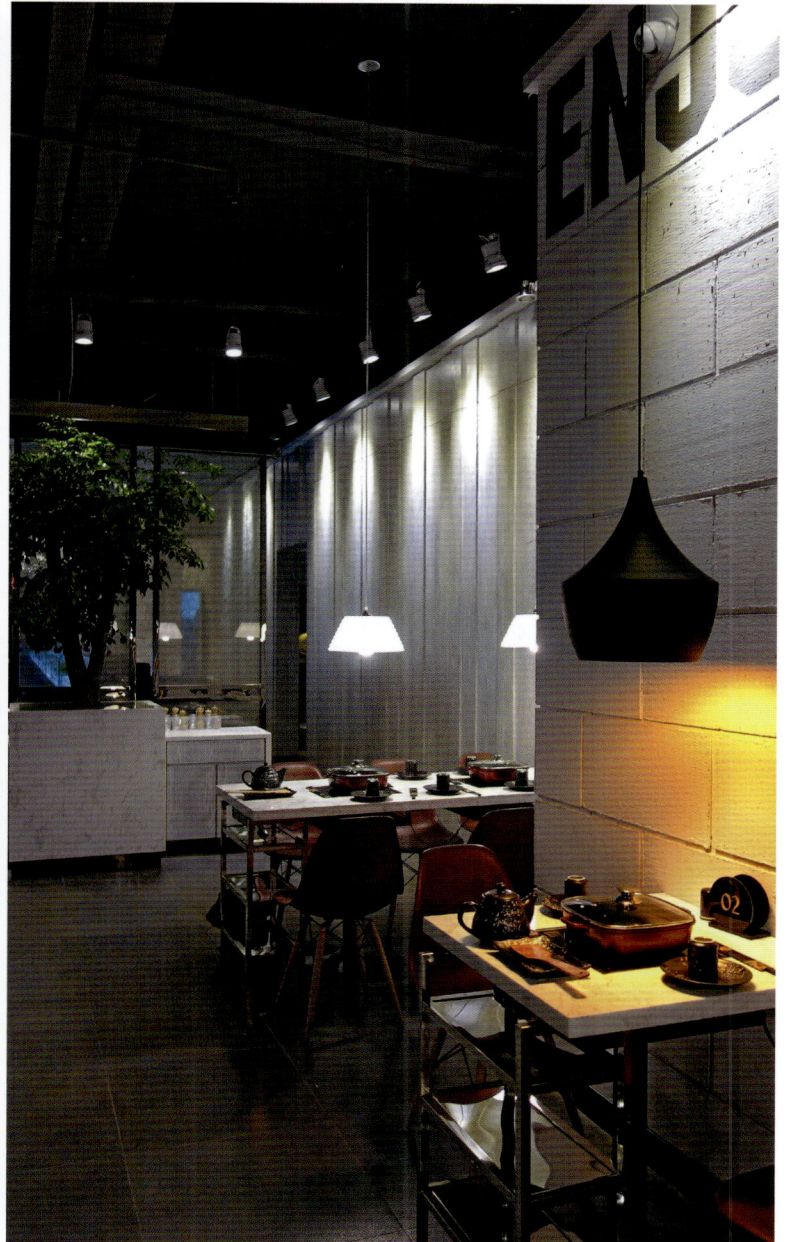

在设计南京红学文化生活体验馆中，全景理解和重组了红学文化的同时，又不失继承和发扬。以江宁织造博物馆为依托，以红楼宴席、随园食单、府门陶瓷、栋亭茶语、黛玉饰品、明清古物、玉润石雕、名家字画、禅修堂为载体，对百年红楼和红楼人生做全方位、立体式的呈现和展示。让参与者和消费者真正意义上体验红学文化，感知红学文化的魅力。

设计单位: 杭州历程装饰设计有限公司
设计: 卢文伟
参与设计: 鲍菁、沈建方
面积: 3200 m²
主要材料: 金砖、黑木纹大理石、米黄大理石、福建青石、胡桃木、墙纸
坐落地点: 南京市玄武区太平北路39-1
摄影: 文宗博

# NANJING REDOLOGY EXPERIENCE MUSEUM

## 南京红学文化生活体验馆

左1: 深邃的走廊
左2、右1、右2: 红楼宴席

设计单位: 古鲁奇公司
设计: 利旭恒
参与设计: 赵爽、张超
面积: 600 m²
坐落地点: 天津
完工时间: 2013年6月
摄影: 孙翔宇

没有传统中餐厅的金碧辉煌,设计师以抽象现代手法重新表现出中国文化中"融"的意境,引领宾客穿梭其中,体验有如书苑的文化融合,品尝中国文化的人文气息。

从手扶梯步出,一面青铜大门在幽幽的灯光下,释出阵阵禅意,迎接莅临的宾客。入口走廊一大书台上放满各类书籍,长廊尽头的墙上复刻自中国经典建筑之一太原永祚寺的蓝色斗拱反映出餐厅的主题,加上玻璃屏风上的满满书柜设计营造通透效果,仿若在故宫的藏书苑,书苑燃满灯笼烛光的情景,让客人置身一片纯朴高雅的气息之中。

通过走廊,右面就是设计时尚的雅座区。圆形餐台,配合弧形沙发、木椅及传统木制书架,呈现中国传统风貌,予人宁静平稳的氛围。宾客可在用餐前后与三五知己在此把酒谈欢,轻松自在。

主用餐区是一盏盏的后中式立灯,而来自故宫太和殿大门上的窗花,以现代激光

# RONG RESTAURANT

## 融餐厅

雕刻铜板的方式在天花出现，反射出抽象的故宫意境，同时展现出别具一格的现代感。沙发背的中国蓝靠包，与天花青铜艺术装置相呼应的蓝色地毯，配合局部出现的复刻中国斗拱、优雅的家具及中式仿古线装书，格调高雅，处处流露出传统的中国文化意境。

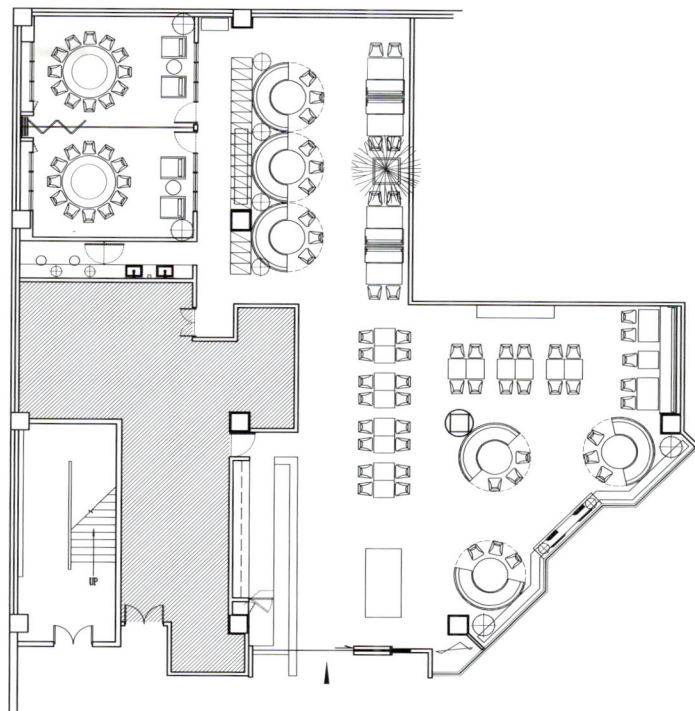

左1: 餐厅入口
右1、右2: 玻璃屏风上的书柜设计营造通透效果

## 16

CHINA Interior design annual
**restaurant**

设计单位: 内建筑设计事务所

面积: 400 m²

主要材料: 定制地砖、地板、混凝土、金属、铁皮箱

坐落地点: 北京王府井百货

完工时间: 2013年11月

摄影: 陈乙

小尕子是一家以主打新疆本土菜系的餐厅，其发源地也在新疆，菜式在新疆菜的基础上进行了创新改良，形成了小尕子迷宗菜系，其特色菜品为九必吃，有着让人戒不掉的美味，所以餐厅又名新疆之瘾。

餐厅面积只有 400m²，由于中部楼梯间的干扰，空间前部较宽，后部则被分割，形成两条狭长的区域，如同一个被拉伸的凹字形，极易产生单调感。设计因地制宜，利用细长的进深营造餐厅神秘气息。餐厅内未设圆桌及包厢，全部采用方桌或长桌契合空间形态。主入口以斜向引导，区划出一小片就餐等待区，将餐厅平淡无奇一览无余般的即视感转化为对探究的好奇与发现的乐趣。就餐区域前部较宽，依流线走势，以餐桌横向及纵向排布，自然划分出两块区域，也使空间因变化而丰富起来。餐厅左侧狭长地带沿墙设六人桌，方便家庭就餐，右侧狭长区则规划为多人聚餐区。餐厅主打前卫神秘的异域色彩。在餐厅设计前，设计师从新疆采风之旅中获得了颇多灵感。雕花钴蓝色地砖仿佛是湛蓝的天空和清澈的湖水。而当地用来放粮食和被

# ADDICTION OF XINJIANG RESTAURANT IN BEIJING WANGFUJING SHOPPING MALL

## 小尕子北京王府井店

左1: 箱子堆叠出空间的墙面
右1、右2: 细长的进深营造出神秘的气息
右3: 整面植物墙旁边是多人就餐区

子的箱子则成为空间最主要的运用元素，它们堆叠出空间的墙面，不同的纹样以及质感，让空间充满了触手可及的西域风情，细腻而亲切。设计还将维吾尔文字提炼为一种符号，装点成隔断，为空间打上最直观强烈的印迹与标识。甚至于吊灯也是从新疆器皿的形式中转换定制而来。

在强烈西域风情下，工业感的混凝土墙面、POP 大众风的涂鸦、都市化的霓虹灯、一整面的植物墙都让来客在地域风情中感受到了现代元素的碰撞与冲击，让餐厅具有更为多重的空间体验。

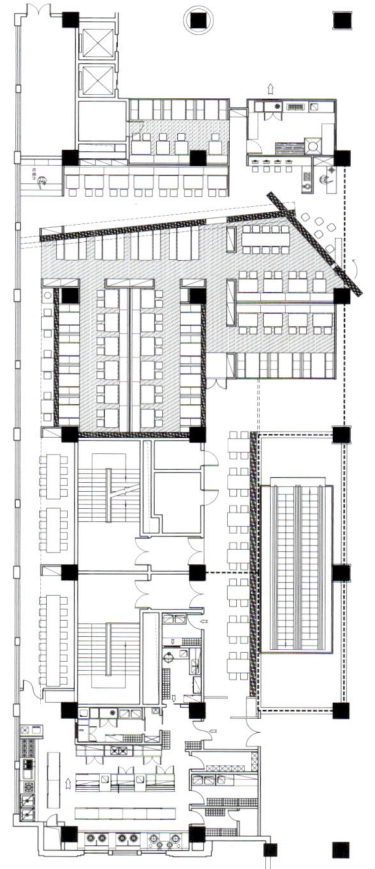

设计：陈旭东
参与设计：刘秀梅、周玉玮、刘洋
面积：832 m²
主要材料：石膏板、塑胶复合地板条、地砖、金属板
坐落地点：长春清华路与牡丹街交汇处

炙灼炉鱼，坐落于长春市清华路与牡丹街交汇处。

室内创作风格以波普艺术为范本，将都市风情及涂鸦艺术植入到室内当中，使得空间表情自然、轻松、并且随意，像是在自家小院或是城市的某处公共空间之中。设计手法不求设计的痕迹，使得空间任何物品都组合得自然亲切，让人有在放松的氛围中去体味鱼的原始本味，达到空间表情与菜品意韵的完美统一。色彩的运用是以原材料本身的质地为主，使材料的肌理更加突出，更加有表现力，仿佛能嗅觉到泥土的芳香，达到一种听、视、嗅、触的综合体验。

如果说设计是为了体现某种形式的刻意再现，那么在本案中设计师特别要求设计的无痕迹化，让一切组合都体现一种无修饰的状态，一种最自然的审美。

# STOVE·BAKING FISH

## 炙灼炉鱼

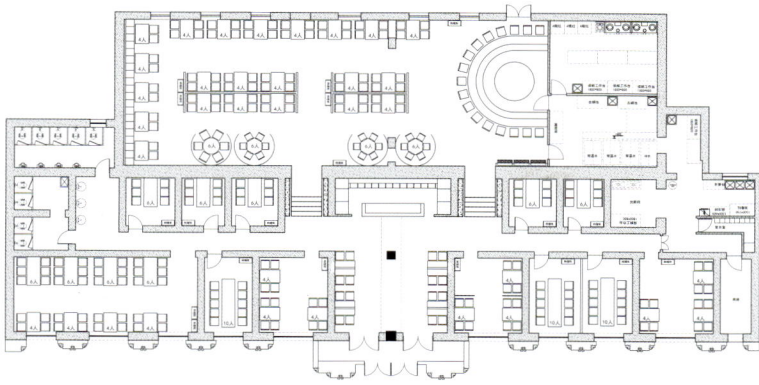

左1: 餐厅过道
右1、右2、右3、右4: 五彩斑斓的地面装饰

左1、左2、右1: 材料的肌理富有表现力

设计单位: WHD后象设计师事务所
设计: 陈彬
参与设计: 严小兵、陈辉
面积: 1700 m²
坐落地点: 武汉
摄影: 吴辉

这是一个让设计团队充满兴奋又备感压力的项目，2006 年武汉第一家赛江南精品餐厅有着当年骄人的行业传奇，时至今日，美人迟暮，城旗变换，她将需要再次被赋予何种容颜？何种气质？或可再次续写属于她的传奇。

幻觉时段，新的想法不断地涌现，而旧的场景也不停地重播，如何创造出一个全新的空间，又包含对旧有空间的尊重和某种特质上的延续是核心问题。业主的诉求如下：我们要一个和旧店完全不同的新感觉，但旧店中那些亮点还能再次看到。

很显然这是个有些矛盾的挑战性课题，新和旧的对立需要和谐地放置在同一个空间里。重新梳理记忆中深刻的信息，渐渐明白新与旧应该以何种方式并存。于是新关键词诞生：高调、明快、黑白强烈、国际化、强调对称、大尺度挑空、馨、纯度极高的红墙，数码高清图像。

预想时段，希望能编排出如此场景，推开新店的大门，食客眼前是一个完全改变的空间面貌，与之前熟悉的旧店记忆产生强烈的反差，让"新"的视觉感受充满大脑。

# SAIJIANGNAN (BAYI ROAD STORE)

## 赛江南八一路店

左1、右1、右2:点线面块清晰干净地分割空间

而在接下来的进餐过程中，某些似曾相识的细节会慢慢地浮现出来，从而让"旧"的记忆在脑海中复活。

时空表演，白色石材、白色显纹木作、白色海吉布墙漆、白色漆皮家具，努力把空间色调拔高至顶，点线面块清晰干净地分割，显现出现代明快的当代气息。黑白山水纹满铺古乐演奏台并延展穿越整个中轴线，强烈的黑白撞击出强烈的文化暗示，古琴台、鹦鹉洲、汉江水、高山流水的激情、知音难觅的惆怅，旧世情在新时空中跌宕起伏，沉醉不已，亦或被大尺度挑空中垂落的金属灯盏惊醒？中庭需仰望，对峙的排排木窗或开或闭，强调对称的固守中依然藏有破局的勇气。而散座区的英伦沙发西式台灯或可以是掺在伯牙渐离酒盏中的忘情水。那面红墙出现在藏于白木窗扇后面的包间里，整整一墙朱红，以炽烈的表情回应满桌的佳肴，满杯的盛情。借助分割立面的黑白数码图像，在微醺中记起曾经的楚地情韵，汉室风云。

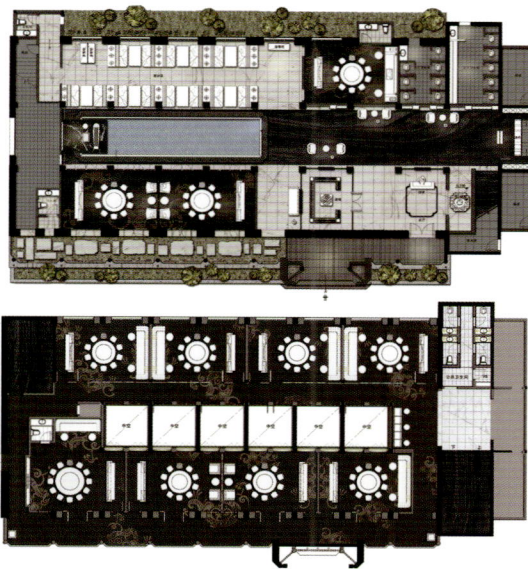

左1、左2: 大尺度挑空中垂落的金属灯盏

右1: 包间中炽烈的红色

CHINA Interior design annual
**restaurant**

室内设计单位: 成都风上空间
设计: 王峰 董美麟 杨樵
创意规划: 杨樵
陈设设计单位: DML Design 麟美建筑设计咨询（上海）有限公司
面积: 7000 m²
坐落地点: 成都高新区
摄影: 贾方

一直想做一个纯粹的大概念餐厅，有足够的空间可以想象、发挥、腾挪，可以有一帮好玩的设计师朋友，从里到外地玩透一次设计。去年刚好有了这么一次机会，于是以业主和设计师的双重身份，邀约了一帮朋友，从建筑规划开始介入，包括室内、软装、家具、景观、装置、灯光等设计分类一揽子全玩了。

"华粹元年"分为两大板块，"华彩堂"和"纯粹廊"，前者打造的是专业宴会厅，强调色彩的丰富和音乐感，后者构建的是个性化包房，强调色彩的干净和简洁。

"华粹"寓意有两层：其一本身是指古典音乐结尾时的即兴演奏段落；其二本义指光圈外围的泛光。围绕宴会厅及配套空间，就是对这两层寓意的刻画，音乐的韵律感四处漫延。接待厅地面的拼图是螺旋发散的音符节奏，而四周悬挂的半透明装置挂件，好似一串串音乐的铃声从天而降。主宴会厅起伏蜿蜒的格栅是五线谱的象征，天棚上暗藏的 LED 灯光变幻的正是华粹主题。温馨知性的小宴会厅，老黑胶唱片和书籍营造出音乐书房的味道。而休闲区的中庭部分，几百根长笛在光影摇曳中悠扬吟歌。

# OLD HOUSE HUACUI YUANNIAN RESTAURANT

老房子华粹元年

所有区域都在用简单干净的调子透放着音乐的气息。

"纯粹廊"自东向西曲折延展，两层楼的建筑自然分成了四个包房设计区域，在设计概念上皆以色彩的干净和文化的纯朴为主线，几乎都是通过两个主色调的对话，来达到餐厅的纯粹性。"灰色老墙"的概念出自于一个人对老家墙的记忆，而灰色是中国民居建筑最广泛的印迹，暗合古代中庸的哲学思想。"经典四季"的概念来自于春夏秋冬自然色彩中的经典对比色，通过色彩和材质的对比达到视觉上的戏剧效果，最终呈现出以四种花卉的视觉效果来表达的意境，分别是春晓、夏隐、秋色、冬雪。"守望彩虹"的概念来自于旅途中的彩虹，6个包房可任意组合，打通房间后产生强烈的透视感，剔透的彩色玻璃渐变排列延伸，潮流而年轻化。"复古东方"考虑到二层坡屋顶及建筑外观设计均具有东方风格，因此按照精细的东方风格思路走，低调中蕴藏文化与高雅。以上四个概念区域以讲故事的方式来完成，顺着走廊从纯传统到中性的过渡，再到达现代的时尚潮流，最后又复古回到传统，完成一个设计的轮回，很像中国这二十年设计周期的规律和轨迹。

左1：外景
右2：地面是螺旋发散的音符节奏，四周悬挂的装置挂件好似音乐的铃声从天而降

左1、左2、左3: 宴会厅透放着音乐的气息

右1: 走道

右2: 落地玻璃引入自然的风景

左1、右2、右3、右4: 不同风格的包间
右1: 庭院小景

左1、右1、右2: 剔透的彩色玻璃潮流而年轻化

设计单位: 法国纳索建筑事务所
设计: 方钦正
坐落地点: 上海市黄浦区中山东一路

Ruth's Chris是源自美国纽奥良的牛排馆, 业主选定了最代表上海的外滩老楼作为餐厅的位置。大楼原本是法式的设计风格, Adam希望改造后的餐厅应符合外滩的氛围, 所以针对大楼原本的室内设计和结构, 将原本的办公楼改造成具外滩欧风的高端餐厅。

外滩5号是一幢建于19世纪20年代的老楼, 因此许多固有的设施和结构线条是不能被破坏的, 尤其是顶部。此外, 原有的消防设施仅作为最初办公楼用途而设置。为了符合餐厅营业场所要求等级更高的消防规范, 势必要在天花上添加喷淋消防设备, 再加上空调设备的引入。原本的天花形成了错综复杂的网络, 为此我们特别设计定制了天花网络桥架以便同时梳理不同的线路和轨道灯具。要在不破坏结构和保护建筑物的前提下, 更好地运用这些设备并与设计做融合, 从而做到餐厅需求和设计之间的平衡。

# RUTH'S CHRIS STEAK HOUSE
## 茹丝葵牛排馆

左1: 餐厅狭长的走道
右1: 错综复杂的天花

Ruth's Chris的最后设计效果不仅符合这幢老楼优雅的气质，同时还兼顾主题。由此设计师提出了"东方快车"的概念，希望在体现餐厅高端典雅气质的同时又富有乐趣。通过对建筑空间的调整和运用定制的灯具等，把原本相对缺少窗景的入口过道区域改造成火车包厢和月台，弥补了缺少江景的遗憾。

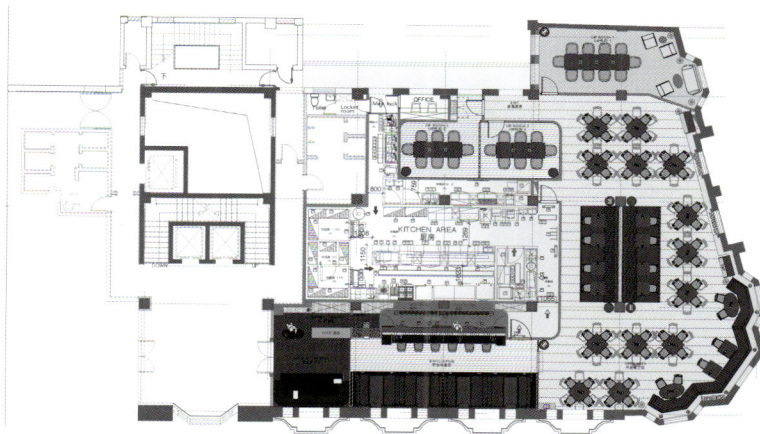

左1、左2: 餐厅一角

左3、左4: 保留了许多固有的设施和结
构线条

右1、右2: 镜面设计扩大了空间感

## 21

CHINA Interior design annual
**restaurant**

设计单位: 周伟建筑工作室
设计: 周伟
参与设计: 盛汉杰、梅杰
面积: 1000 m²
主要材料: 旧木板、槽钢、铁丝网
坐落地点: 杭州余杭区临平新天地
完工时间: 2014年4月
摄影: 贾方

本案是个旧建筑改造项目，原建筑为杭州余杭临平绸厂大礼堂，随着老绸厂20世纪90年代没落倒闭该建筑一直闲置，2010年当地政府把这里规划为创意园，取名临平新天地。业主前身经营当地知名酒吧约15年之久，对经营非常专业，拿到该物业心里早有打算。迷城定位为新型综合餐饮，中午12点开始营业，下午茶加简餐。晚餐为中餐厅，主打创意菜。晚8点开始是酒吧时间，一直营业到凌晨2点。1000m²的空间经营3种业态，这也是本案的设计难点。

在空间规划上根据业态的不同把3面临窗区域规划为下午茶和餐厅区域，中间围绕舞台为酒吧区。从商业的角度考虑，为了让酒吧区看上去不是很空旷，在四周做了若干BOX错落的放置，让酒吧看上去更有氛围感。当然，本案最核心的设计在北面区域，这里有大约8m层高，把这个区域规划为3层空间，用若干楼梯相互连接，把这个原本单一的空间变得错综复杂，层次丰富。当你走在其中你能看到不同角度不同层次的人们在这里用餐的状态，这正是我们一直追求的在商业空间中人与

# MICHENG MUSIC RESTAURANT

## 迷城音乐餐厅

人之间的各种互动关系，这也才是真正的"迷城"。

在材料的选择上我们选用了大量当地拆迁的旧木板，让旧木板在这里重新焕发青春，槽钢铁丝网和旧木板对比运用意在打造一个重金属的感觉。本案混搭了多种经典的当代家具，让高彩度的家具从整个灰色调的餐厅跳跃出来。根据区域的不同选择了不同的灯具搭配，在现场客人还会发现一些很有意思的家具灯具，这些都是设计师现场即兴创作的，如机器改造的餐台，搪瓷杯改造的灯具……总之当人们迷失在迷城的某个角落时总会不经意地发现设计师精心设计的一些颇有意思的东西。

设计师小心翼翼地保留了原建筑的外立面，门口静谧的小院保留了具有时代印记的围墙和每一棵树，在树的缝隙间用旧窗搭建了3个小建筑。在做院子铺砖时刻意留出了当年的路径，希望留给那些曾经在这里工作过的人们一些美好的回忆。

左1: 建筑外景
右1、右2: 临窗规划为下午茶和餐厅区域

左1、左2、左3、右1:相互连接的若干楼梯把原本单一的空间变得层次丰富

22

CHINA Interior design annual
**restaurant**

设计单位: 甘肃御居装饰设计有限公司
设计: 黄伟彪
面积: 1600 m²
坐落地点: 兰州市城关区东郊巷
完工时间: 2013年10月

名流——兰州火锅的第一个自主品牌,从开业至今,成为兰州市老、中、青三代都熟悉的品牌,从而升级势在必行。此次设计中,将企业品牌进行沉淀和筛选,让名流的文化成为一个街头巷尾,从平头百姓到城市达人都耳熟能详的简单符号。

设计师在开始设计时就力求保留老火锅店的一些特色,强调更多的原创元素来体现老品牌的文化沉淀。生锈的铁栅栏、失色的老木板,让空间在一种有控制的节奏和韵律中散开,使空间随意、安宁。简单的材料搭配、简单的排列复制、低价的装修材料,却让空间极为简单地丰富起来。一个热腾腾的锅,一群久未见的朋友,在这里,共同想起记忆深处的那首老歌。

# MINGLIU HOT POT RESTAURANT

## 名流火锅

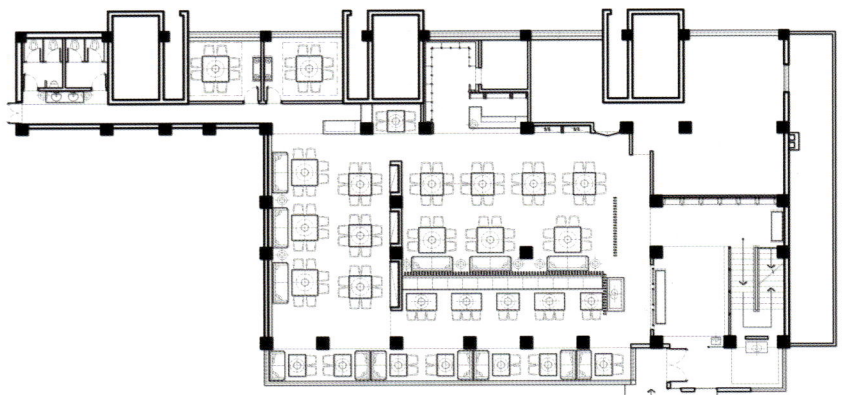

左1: 楼梯

右1、右2: 空间布局是简单的排列复制

右3: 红色在黑色中跳跃出来

CHINA Interior design annual
**restaurant**

设计单位: 成都马非空间设计有限公司
设计: 马非
面积: 505 m²
主要材料: 石材、劈开砖、面板
坐落地点: 香港
完工时间: 2013年6月

本案旨在为全球最大的单体建筑亦是最大的购物中心 "Global Center" 打造一家全新的、标志性的港式餐厅,使其成为城市中一个高雅、舒适的就餐去处。

该餐厅分三个就餐区域,分别有其独特的空间气氛,立体化的顶面处理表现了独特的线面分割艺术,为餐厅增添了视觉趣味性和现代感。

空间布局上分为三个主要餐区,各个空间予人以不同的用餐氛围。一部分的开放餐区,既起到空间的延伸感,又在观感和气味上起到展示的功能。

色彩上以浅色为主,为整个用餐空间营造干净舒适的氛围。顶部长达30m的三角形造型,形成有节奏的韵律感,点线面元素的结合恰到好处。

# GANGLI HONG KONG RESTAURANT

## 港莉港式餐厅

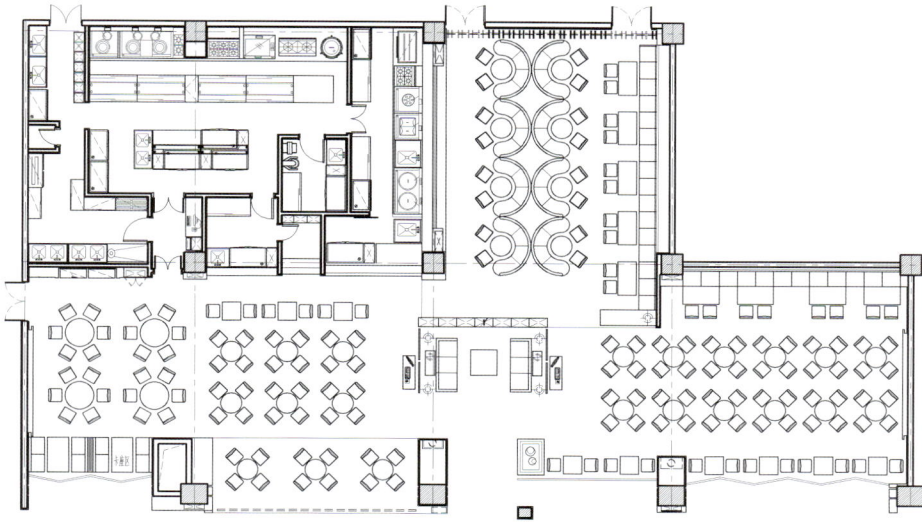

左1、左2: 通透的餐厅
右1: 顶部的三角形造型形成有节奏的韵律感

夜郎蛙时尚餐厅，位于长春市宽城万达广场3层，属于店中店连锁餐厅，在保持了原有连锁餐厅元素特点的基础上，采用了线条简单、装饰元素少的现代风格。室内可使用的有效面积相对较小，设计师运用大量横纹理石、镜片、玻璃隔断等材料，拉伸整个餐厅视觉空间。颜色上，墙面、棚面及家具采用大量的白色和灰色，运用设计中最基本的黑白灰，来表现整个空间的虚实层次。地面高纯色彩的大量运用，大胆而灵活，色彩感强烈的地砖拼花把整个空间的动与静，现代与时尚做到了完美的结合。

设计: 陈旭东
参与设计: 周玉玮、刘洋、陈晓龙、王轩、金美香
面积: 310 m²
主要材料: 石膏板、大理石、地砖、钢化玻璃、横纹理石、镜片
坐落地点: 长春市宽城万达广场

# YELANG FROG FASHION RESTAURANT

## 夜郎蛙时尚餐厅

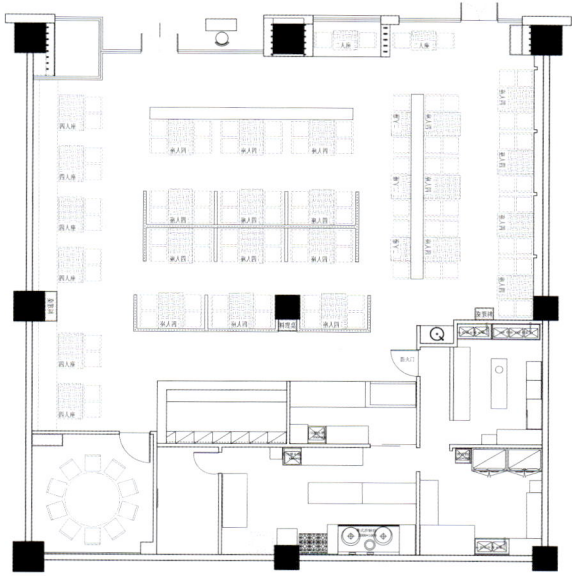

左1、左2: 地面高纯色彩的大量运用大胆而灵活
右1、右2: 玻璃隔断和横纹理石拉伸出视觉空间

## 25

CHINA Interior design annual
**restaurant**

设计单位: 苏州苏明装饰股份有限公司
设计: 费宁、吕恺
参与设计: 叶科
面积: 995 m²
主要材料: 木饰面、铁板、金属网
坐落地点: 南京中山门大街669号花园城
完工时间: 2013年11月
摄影: 陆逊

每一家外婆店似乎都有属于自己的特色，就像每个人的外婆对待自己宝贝方式的不同。此空间以咖啡色为主，绿色植物及绿色家具的点缀，使得整个空间盎然生机。做旧的墙面、不规则的木线条隔断、古朴的吊灯、暗黄的灯光，简单的花饰点缀，别有一番情调。墙面的墙绘装饰描绘了乡间的童趣、蟋蟀、青蛙等，这些儿时的伙伴给用餐的客人增加了一份亲切感。

不规则的木线条做成格栅，将包厢与餐桌区域区分开来，麻绳灯具与之交相呼应。在整体大色调统一的前提下，用色彩艳丽的椅子作为点缀，显得活泼生动。矮矮胖胖的南瓜装饰，看起来沉稳而不失趣味性。装饰栏杆上添加了形态各异的逼真鸟儿作为点缀，身临其中，仿佛能聆听到乡间欢乐的鸟鸣。取材南京人热爱的梧桐树为元素，中间镂空的铁艺，附加梧桐树叶的影子零散分布，勾起人们儿时美好的回忆。

# GRAND MA PRIVATE CUISINE

外婆私房菜

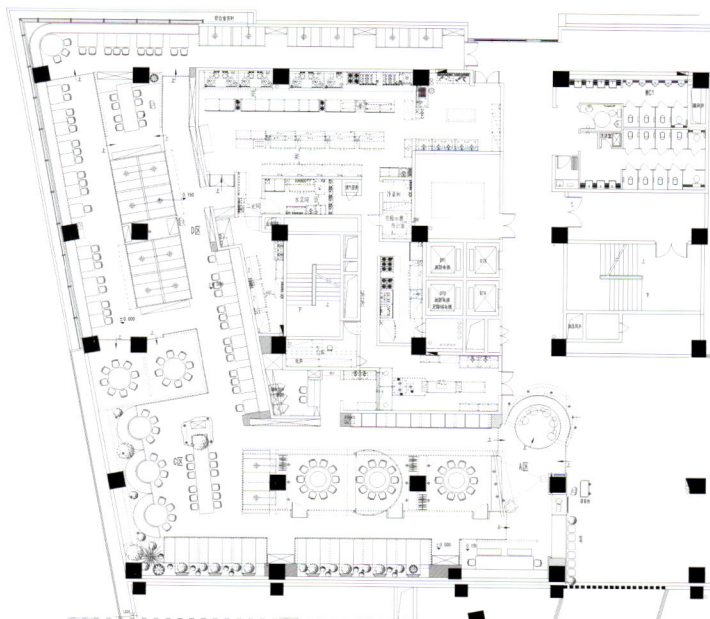

左1: 色彩艳丽的椅子作为点缀
左2: 空间以咖啡色为主色调
右1、右2: 有趣的装饰

## 26

CHINA Interior design annual
**restaurant**

设计单位: 经典国际设计机构（亚洲）有限公司
设计: 王砚晨、李向宁
参与设计: 杨丁
面积: 室内280 m²、室外200 m²
主要材料: 耐候钢板、黄铜板、印刷玻璃、中国黑石材、仿汝窑瓷器、湖笔
坐落地点: 美国洛杉矶世纪城
完工时间: 2013年12月

眉州东坡致力于传承及弘扬东坡美食文化。作为登陆美国的第一间眉州东坡，设计的主题必然是浓墨重彩的手法来表达东坡文化之精粹。由于空间的体量限制，只能精选最具代表东坡先生之精神象征的品物，全面呈现于美国店的室内外空间中。1000支中国毛笔，500件宋代汝窑瓷器；最能代表东坡先生的两赋（前后赤壁赋）、一词（念奴娇·赤壁怀古）、东坡先生精妙的书法及绘画、当然也少不了东坡先生的最爱——竹子。这许多同东坡先生及那个伟大时代紧密联系的种种文化载体，经过重组和创新，同空间中精致、细腻、简约的宋风家具、灯具、饰品一起共同组成了眉州东坡美国第一家店的空间物象，传递出一千年来，博大而深厚的东坡情怀散发出的时代魅力。

# MEIZHOU DONGPO (BEVERLY STORE, LOS ANGELES, USA)

## 眉州东坡美国洛杉矶比佛利店

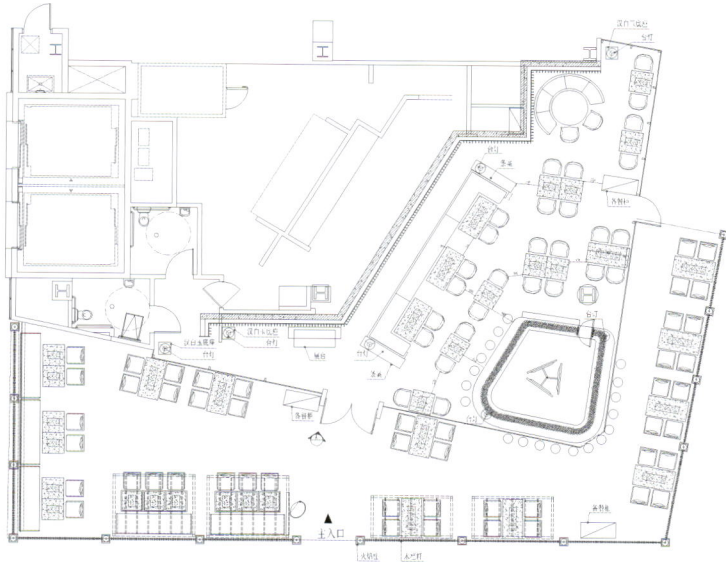

左1: 餐厅外观

右1: 浓墨重彩

右2: 天花上悬吊着中国毛笔

左1、左2: 简约精致的宋风家具和灯具相结合
右1: 东坡先生精妙的书法显现在玻璃隔断上

## 27

设计单位: 孙洪涛设计事务所

设计: 孙洪涛

参与设计: 朱晓龙

面积: 618 m²

主要材料: 竹子、和纸、橡木、仿古砖、硅藻泥墙面、肌理涂料

坐落地点: 吉林市江湾路1号

完工时间: 2013年11月

摄影: 贾方

神户日本料理是在吉林世贸万锦酒店内的一家特色餐饮店。餐饮主要经营定位是铁板烧和日本料理。本设计空间运用竹子和古木建筑结构元素,把古建筑的"古朴"元素用在室内空间,表现古建筑"本真"的木结构美。设计以"融合"文化为核心。"融合"是思想的碰撞,新潮元素与传统元素以及文化的融合,体现既是中式的又是日式的,更是世界的。通常这种手法都会强调两种特质的冲突与对比的统一,体现在材料的精心选用,适度空间的比例,以及灯光氛围的营造。在本案设计中都——体现在每个细节里。

# KOBE JAPANESE CUISINE
## 神户日本料理

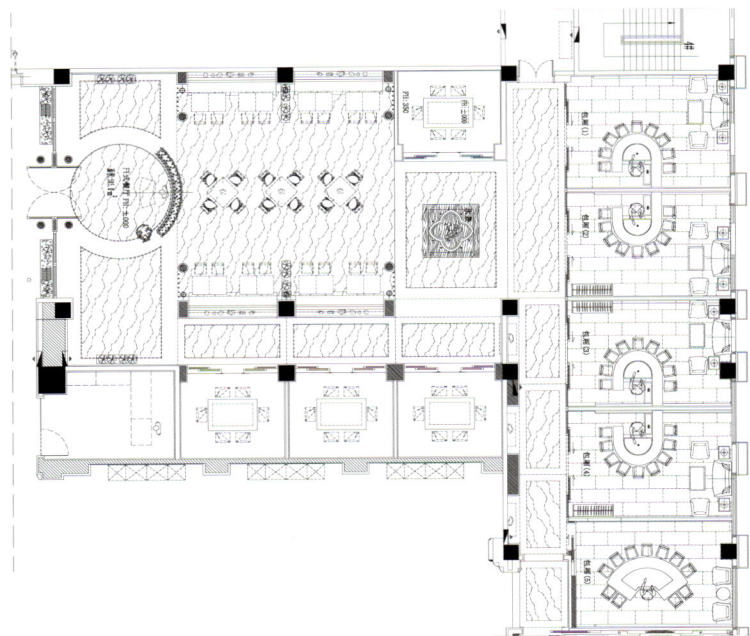

左1: 餐厅大堂

右1: 大厨在现场烹饪

右2、右3: 日式风格的吊灯

## 28

CHINA Interior design annual
restaurant

设计单位：吕永中设计事务所
设计：吕永中
面积：750 m²
主要材料：大理石、地砖、织物、胡桃木饰面、UV印刷夹膜玻璃
坐落地点：上海
完工时间：2013年8月
摄影：吴永长

项目位于上海愚园路风貌保护区，周边都是尺度相对较小的住宅街区。餐厅处于一座办公楼的裙房，建筑与道路之间有一个小院子相连，两侧也是一些较高端的餐厅。受到场地条件和内部结构的制约，餐厅设计需要解决的问题是如何合理利用好面积不算太大的空间，并用现代设计的语言来表达高端素食的主题，营造恰如其分的餐饮空间感受。

餐厅外立面通过精心控制的窗洞，背后的灯光配以外凸的隔板，在一小片竹林的掩衬之下若隐若现。对室内而言，这些位置和尺寸都经过设计的窗户也成向外观赏竹林院落和梧桐街区的取景框。主入口背后的人行通廊作为室外通往餐厅的过渡空间，它依次连接了疏散楼梯、前台、客用电梯和端头一层餐饮区的大门。幽静的通廊传达出静逸深远的第一印象，而它与东侧餐饮区之间的少许半透隔断，为客人在步行的过程中创造出引人入胜的空间感受。整体空间布局上，通廊将餐厅清晰地划分为服务空间和公共空间这两个主体部分，通过穿插、交叠而衍生出大小各异的厅

# FUHEHUI HEALTHY VEGETARIAN RESTAURANT

## 福和慧健康素食餐厅

廊，使餐厅布局上更为合理的同时丰富了空间的尺度感和多样性。

如果说平面是展示了空间在功能组织上的逻辑性，那么剖面则传递出更多空间设计的情感体验。透过纵向的观察，餐厅的南北中心区域设置了一道与通廊交错贯穿的天井，配以变化丰富的木格栅作为背景，天井从视觉上将一、二、三层联系成一个整体。室内每层的顶面和立面以白色为基调，采用适当的镂空图案让空间界面在宁静和丰富之间达到一种平衡。天光至上而下，明暗变化的气韵在各层空间中轻轻萦绕，塑造出一种柔和的韵律感也给人更多的想象空间。

曾有哲人说过，空间是可以驻留休憩的，它因限定而生，限定的不是空间的边界而是万物生长、情感交融的场所。素餐厅空间承载了更多的书院气息，仿佛静心养性、吐故纳新的休憩地方，在这里品用素食更像是人们在现代都市生活中身心处于束缚之下后得以释然的自然状态，一种回归本真的轻盈和闲适。一层餐饮区是相对高大而开阔的空间，布置有可供十多人同时使用的大型开放式餐桌，如同一个端庄正气的厅堂。二层散座餐饮区内采用了实木隔断和栅板，使空间在自由而开放的同时营造出更多的书香气韵。三层以原有柱网为轴线，靠窗两侧采用独立的小包间的形式，并通过一个回廊进行串联。利用轻纱般质感的半透玻璃隔断与实木柜体隔墙、推门之间的对比，让每个小空间都呈现出明暗交叠、若即若离的悠远和空灵。

素餐厅没有显性的标示、没有清规戒律般的局限，"素"的状态是更多的包容，是

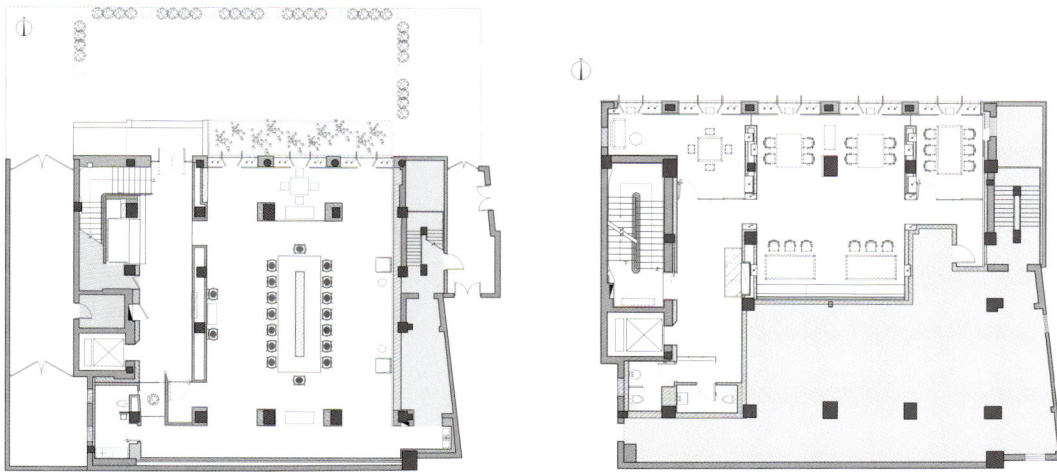

对"多"与"繁"的理性制约和收敛。这一点尤其体现在空间灯光的处理上，通过严格控制人工照明的方式和数量，在有限的部位恰到好处地设置点光源，让人工光和自然光在不同的时段相互交融，创造出静逸和轻盈感，也维持了室内白色顶面的完整性。与之形成对比的是地面的处理方式：看似如同青砖交错的地面实际是采用了现代同质砖，经过切片后纵列码砌的方法，兼顾了地面实际耐磨防滑的功能要求和传统青砖地面的真实质感。这一系列处理手法和工艺细节，体现出一种追求极致的设计态度。餐厅空间无论是整体意境的营造还是节点方式的取舍上，均表达了设计师对素食独到的理解："素"体现在慎密的梳理、细致的取舍、悉心的演绎；"素"空间更多是对人的感受和内心的尊重以及对人与人之间交流的关注。

客人行至于此，三五知己畅叙友情，灯火阑珊品尝美食，涉园寻趣怡然自得。体验青黛地面的厚重、白素墙壁的空灵、实木格栅的温暖，半透隔断的轻盈，在对比和融合中相映成趣，唤起了几分被遗忘的书院氛围和自然的禅宗气息。

左1: 外景
右1: 三楼前厅

左1: 手绘图

左2: 三楼走廊

左3: 二楼散座中厅

右1: 疏散楼梯

右2: 细部

右3: 一楼贵宾包房

右4: 二楼散座

## 29

CHINA Interior design annual
**restaurant**

设计单位: 北京唯美同想环境艺术设计有限责任公司
设计: 李天鹰
参与设计: 王国杨
面积: 1500 m²
主要材料: 硅藻泥、水磨石
坐落地点: 沈阳
摄影: 张奇永

这是一次营造健康单纯新标准的尝试, 旨在颠覆人们对精致餐饮空间的传统看法。

设计者在方案阶段对其狭长的平面动线经过反复推敲, 将原有的布局打破, 使空间布满各种几何元素。不同元素交织而成的块与面形态各异, 使之焕发出新的生命力。

色彩要素在这里被降到最低程度, 视觉上追求单纯的黑白灰。色块与色块、线与线、形与形之间所组合的结构呈现出独有的张力, 突出设计品牌的个性和格调的同时, 带来别致的消费体验。

散客区流畅的动线布局紧凑且富有趣味性。墙面细腻的硅藻泥曲线配以金箔鱼和陈设, 宛如行云流水的一幅幅水墨。陈设品的形状和尺度都经过了精心的推敲和考量, 体现了设计师对每个细节的完美追求。结合着全景玻璃幕使室内外融为一体, 大大增强空间感。

这里是忘却繁华的世外桃源, 能在人们享用质朴美食之余, 唤醒对生活的记忆。

# GUPU NORTHEAST RESTAURANT

# 谷朴东北菜馆

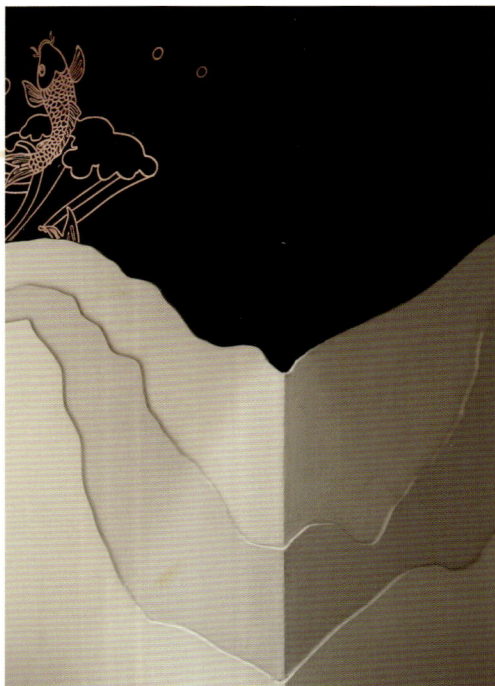

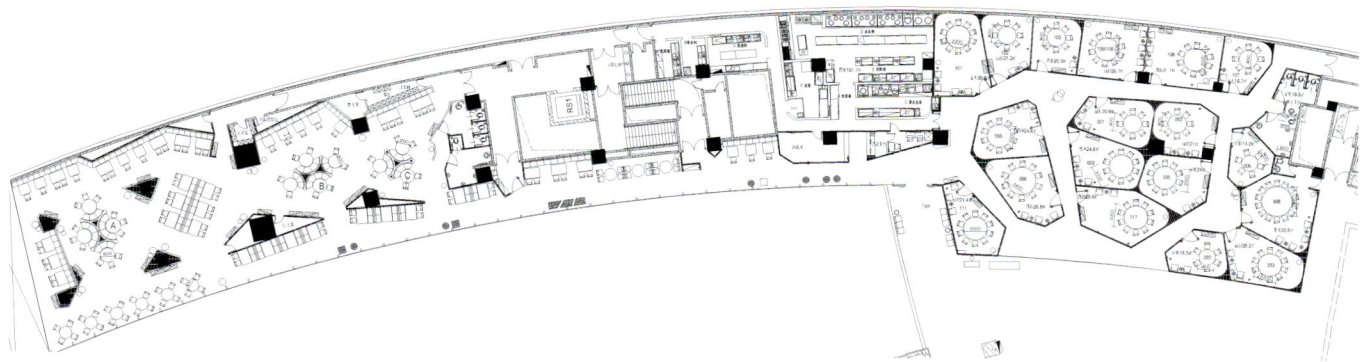

左1、左2、左3: 空间布满各种几何元素
右1、右2、右3: 色彩要素在这里被降到最低, 视觉上追求单纯的黑白灰

## 30

CHINA Interior design annual
**restaurant**

设计单位：新加坡WHD酒店设计顾问有限公司
设计：张震斌
参与设计：季斌、赵婷
面积：3600 m²
主要材料：古堡灰石材、水曲柳面板、工艺玻璃
坐落地点：山西太原
摄影：阮祯鹏

美轩国宴养生火锅位于山西省太原市，建筑面积约 3600m²。分为大厅、前厅、餐包、酒店、西餐厅等空间。此次方案设计以全新的新中式文化出现，是一种精神文化世界和餐饮文化结合的顶级产品，其业主独特的文化世界观和内心独有的对世界的感知，酿成了企业的独特魅力。它就是一块美玉，充满品位与文化内涵。在设计手法上运用了纯黑色的钢琴漆饰面、镂空雕花、灰木纹、紫铜等一些创作元素，尤其在家具和饰品上也利用了东方的情调，使整个空间融入了中国味道的美、东方文化的美。它就像一杯浓密的普洱茶，醇香、厚重、深沉、耐人寻味。

设计中通过另一种美学设计手法再一次颠覆人们的审美价值观，以超出常规的比例关系形态来表露意识形态。在材料排布上以非惯性的处理手法来获取人们对新形餐饮空间的认知，在色彩运用上以单体空间的色相统一来刺激人们对空间的色彩印象，在家具的搭配上追求戏剧化的高度和奢华夸张的概念。空间在整体上达到一种戏剧化的舞台效果，让人们游走其中产生一种非常规概念的心理感受，从而感受到空间美感。

# MEIXUAN STATE BANQUET HEALTHY HOT POT

## 美轩国宴养生火锅

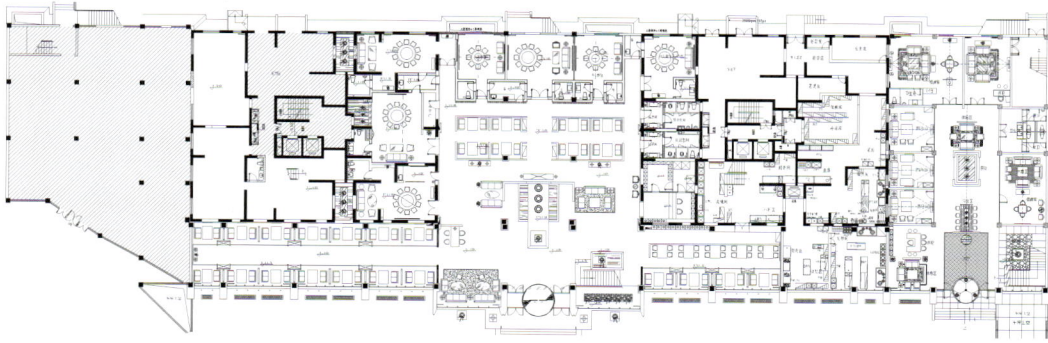

左1: 火锅店外景
右1、右2: 灯具富有浓厚的东方情调

左1、左2: 餐厅休息区
左3: 餐厅过道
右1: 餐桌一角

## 01

CHINA Interior design annual
**club**

设计单位: 萧氏设计
设计: 萧爱彬
参与设计: 张想、何侦辉
软装陈设: 姚莉慧、郭丽丽
项目面积: 2000 m²
主要材料: 木饰面、芬兰木、棉麻硬包、大理石、透光云石、藤编
坐落地点: 海南文昌
完工时间: 2014年2月

所谓半岛即伸入海面的陆地,清澜半岛270度环视海面,拥有无敌海景。本建筑为东南亚风格,室内设计以此风格为延伸,即为东方主义的设计理念。

会所初期做售楼之用,完成使命后可能要作为纯粹的接待之用,因此采用多种功能的设计方法,现有的沙盘将来可以撤换后将中厅改为大厅之用。室内设计与建筑设计不同的是常会第一步从风水入手,其实就是从心理感受入手,设计师要从心理学方面考虑空间才有可能做得更好。入口做了一个压缩的长廊,这是设计师在处理空间上的一贯作风,先抑后扬,不让客人一到入口处就一目了然,而是通过曲折迂回,然后迎来豁然开朗。

销控台不能放在入口,入口处只能是一个笑容可掬的迎宾小姐,这样符合消费心理,客人才敢进去。销控台虽放在第三空间,但当客人经过入口长廊进入沙盘区后,销控人员即可迎接上去,这样的服务方式才是最好最合适的,使客人不会感到唐突。

# QINGLAN PENINSULA CLUB

# 清澜半岛会所

朝南的一线海景与入口的长廊形成对称，成为洽谈区，这是客人欣赏完房间、看好楼盘信息后的落定地方，也是开发商的目的之所在，以最好的位置，配合优美的海景，舒适的沙发和座椅，使客人可一边欣赏美景，一边品茗，合作自然容易成功。家具和配饰都由设计师为空间量身定做，椅子是主设计师刚刚获奖的作品，用在清澜半岛相得益彰。

设计师把行为心理和销售心理都完整地体现在清澜半岛的空间里，这应该是海南文昌最棒的楼盘，从开发商的选址、建筑形式和环境均投入了巨大的心力。室内设计又给予了环境最后的亮点，使业主和开发商都得到了满意的结果。

左1: 外景
右1: 沙盘区
右2: 接待处

左1: 圆形接待台
左2、左3: 休息区
右1、右3: 家具和配饰由设计师量身打造
右2: 复杂的顶棚造型

左1: 走廊
左2、左3: 休闲及健身处
右1: 入口处
右2: 吧台
右3: 骏马雕塑

## 02

CHINA Interior design annual
**club**

设计单位: 南京名谷设计机构
设计: 潘冉
面积: 780 m²
主要材料: 水磨石、硅藻泥、旧木板、砖块
坐落地点: 南京江宁路
完工时间: 2014年1月
摄影: 文宗博
撰文: 八路

# DEW CLUB

## 露会所

"露"是一栋有着浓郁南京地域古典气质的小规模建筑，体型玲珑，气质平和，共有上下二层，南西二院，两池薄水将其所处区域与周遭环境轻轻地剥离出来。建筑本体砖砖水磨，对缝如丝，开窗尺寸亦控制得内敛谦逊。面对这样一栋气质沉稳端庄，甚至稍感内向的建筑，设计师的任务是创造一个满足多重营业功能叠加要求的复合型空间。

走入西侧院落，隔离室内外是通透的几何构成排列的陈列架。一层的功能区域以及流线走向非常清晰明朗，吧台区位于左侧最显眼的位置，质感粗犷淳朴的砖石砌筑实体上，中式支撑起有温度感的原木质感台面。吧台背景墙是一面全部由窗拼接而成的整体墙面。散座区环绕吧台布置，复古的欧式柱式与泥土色透明帷幔赋予其归属感和私密感。在相对开阔的中心位置是供多人使用的拼接长桌，具有年代感的黑色金属陈列架及金属梯，黑面红底的夸张灯饰，刻意暴露的曲折设备管道，一气呵成的无缝水磨石地面，塑造出强烈的舞台戏剧体验。光线透过特意留设的墙体顶端

条形窗体缓缓泄入，流淌着带有昔日温度的怀旧情调。

设计师的线索是"时间"，这些多元的装饰元素最后直指一个历史时间段"机器工业年代"，那个内燃机作为动力被广泛在欧洲普及的大发展年代，也正是明城墙见证最惨痛历史的开端。设计师将过往丢失的空间在现代以戏剧手法呈现。就像这面窗墙。每扇窗都有一个故事，无关悲喜，无从述说，"小清新"的孤独美感延伸出一种诗意。月光映入湖泊闪耀着光芒，二层的红酒包厢和中餐包厢仍然延续混搭风格，但中式元素作为了主导，屋脊和墙面，最纯粹的中式建筑符号都得以保存修缮。在地面和墙面上植入了"梅"与"荷"这两个中国文化中最广泛使用的艺术符号。

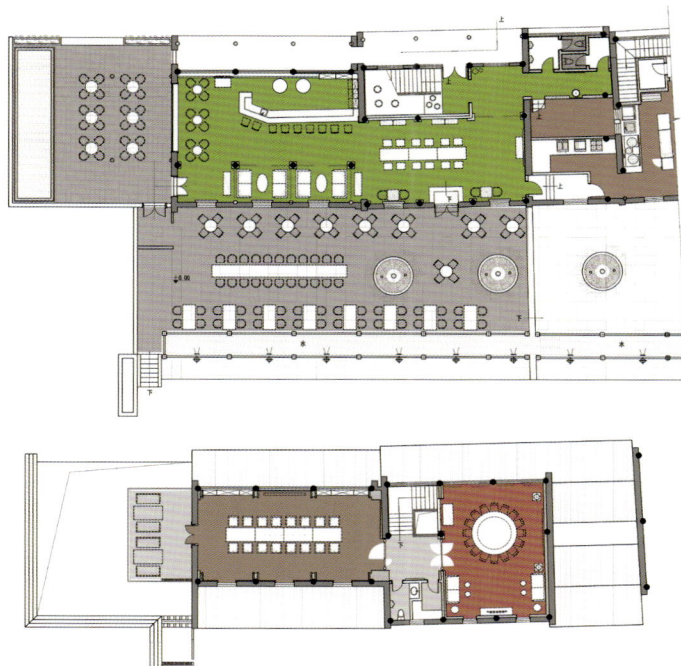

左1: 外景
左2: 吊灯和剪影
右1: 顶面是刻意暴露的管道

左1: 黑面红底的夸张灯饰
左2: 临窗小座
左3: 孤独的剪影
右1: 包厢内中式元素为主导
右2: 五彩玻璃吊灯
右3: 卫生间

## 03

CHINA Interior design annual
**club**

设计单位: 北京唯美同想环境艺术设计有限责任公司
设计师: 辛明雨
参与设计: 王健、王晓娜、王雷
面积: 510 m²
主要材料: 干挂板、石材、瓷砖、皮革
坐落地点: 哈尔滨
完工时间: 2014年1月
摄影: 张奇永

时间难以逾越，把历史的某段时间停留在适合的空间，追寻曾经具有的独特社会风貌，在穿越的空间中与时间相遇，能擦出怎样的火花?

时下的生活，大家愈益觉得传统的不可或缺，又觉得传统似乎有些断裂缺失，于是便逆流而上——追寻民国。民国离我们不远，虽是乱世，却决不平庸。历史是一面镜子，更能给予人们某种启示，民国社会，中西结合，风尚一时，英雄辈出，是一个充满魅力的时代。无数个难忘的历史时刻、无数个杰出的英雄人物，都是曾经抹不去的印记。

今天设计师站在新的历史节点，把传统与时尚相结合，以不同的视角，表达心中的民国。即使有文字和影像的记录，今天的我们对于那个时代的点滴，也只是脑海当中从一个时空到另一个时空的穿越，因为时间不能复制、更不能粘贴，于是便乐此不疲地追寻。

追寻着路上那独特的风景，回眸处，一栋中西结合的别致建筑里，透过红、绿、

# RIVERSIDE CLUB

## 江畔会所

蓝相间的玻璃花窗，看到了精致皮质的沙发、曲线感的木质家具，影像中有一个经历沧桑的中年男子在静静地思索着什么。就在此时桌上的留声机传出了美妙旋律，伴随着铜质金属的厚重之音，壁炉里婀娜多姿的火苗，角落里深邃的光线，就连木椅上的金属铆钉也在跳跃的伴奏。

此时此刻，他似乎已经忘却了窗外的熙熙攘攘，闭上眼睛，渐渐闻到了杯子里飘来的淡淡茶香，茶香掠过整个房间，以它独特的气质追寻着民国的味道……

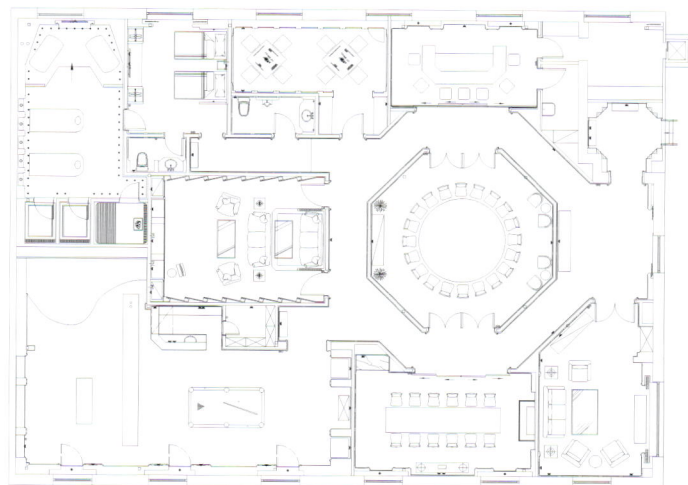

左1: 红绿蓝相间的玻璃花窗
右1: 精致的皮质沙发

这不是一座房子，不是一个空间，不是一处风景，它是一颗隐藏在繁华城市中宁静的心。心无物欲，即是秋空霁海；坐有琴书，便成石室丹丘。淡淡的意境饶人回味。

本案为两层新中式风格的会所，以脱离商业化，营造舒适感受为目的。结合现代简约的设计手法，融入现代东方人文气息。水泥地面和原木色调的组合，简约和禅意交相呼应，展现出真正的空间感受——安闲自在、佛性禅心。

设计单位: 河南鼎合建筑装饰设计工程有限公司
设计: 孙华锋
参与设计: 张丽娟、李珂、徐昆洋
面积: 400 m²
主要材料: 做旧水曲柳、水泥地面、乳胶漆、布艺硬包
坐落地点: 郑州郑东新区
完工时间: 2013年10月
摄影: 孙华锋

# YAYUAN TEA CLUB

## 雅苑茶会所

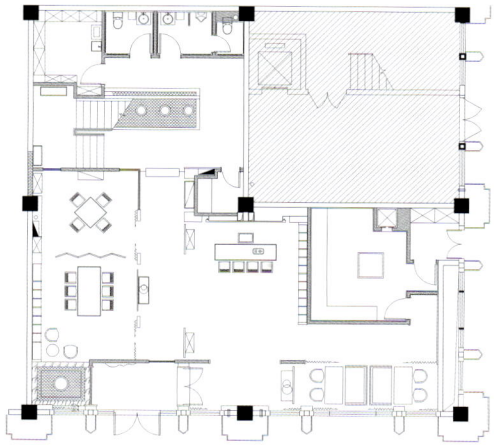

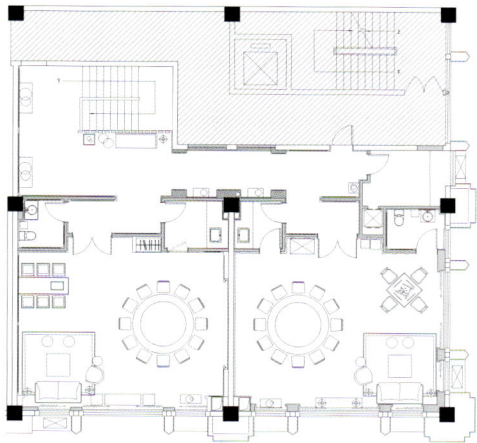

左1: 中式元素的组合
右1、右2: 枯藤宛若抽象画

左1、左2: 古韵包间
右1: 水泥地面和原木色调的结合
右2: 禅意十足

## 05

CHINA Interior design annual
**club**

设计单位: 无锡市观点设计工作室
设计: 吕邵苍
参与设计: 胡强
面积: 45000 m²
主要材料: 石材、不锈钢
坐落地点: 江苏溧阳
摄影: 温蔚汉

项目位于著名的旅游城市溧阳天目湖畔，当地文化积淀较为深厚，浓郁的地方特色及人文气息给予设计师极大的创作空间。

本案以折线形式做为整个空间的基本设计语言，缓解了原本垂直空间的压抑感，巧妙地将各区域完美展现，空间灵动转折中体现了设计要点。通过线条的转折，引导人流形成明确的空间暗示，两个挑空形成极其呼应的空间契合，通过曲折的前区和大气灵动的休闲区引发来自心灵的悸动。

主色调以纯净温和的米白色诠释惬意闲适的主题，而那款款的湖蓝色将水的生命表现得淋漓尽致，沁人心脾。

# LIYANG BADEN SPA CLUB

## 溧阳巴登水疗会所

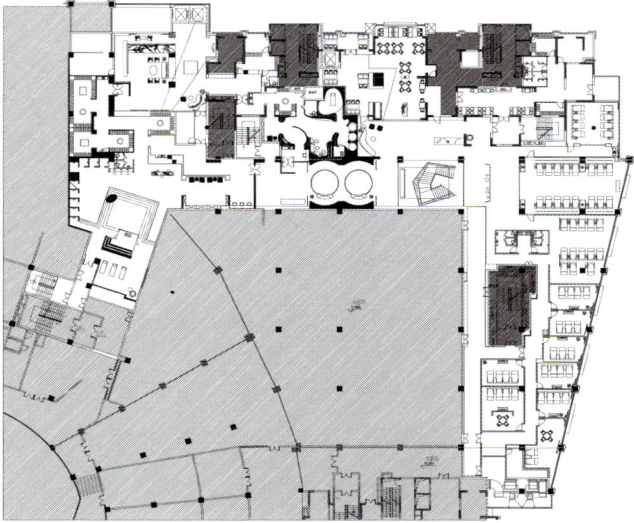

左1：两个挑空形成极其呼应的空间契合
右1：折线是基本的设计语言
右2：错落的水滴形吊灯

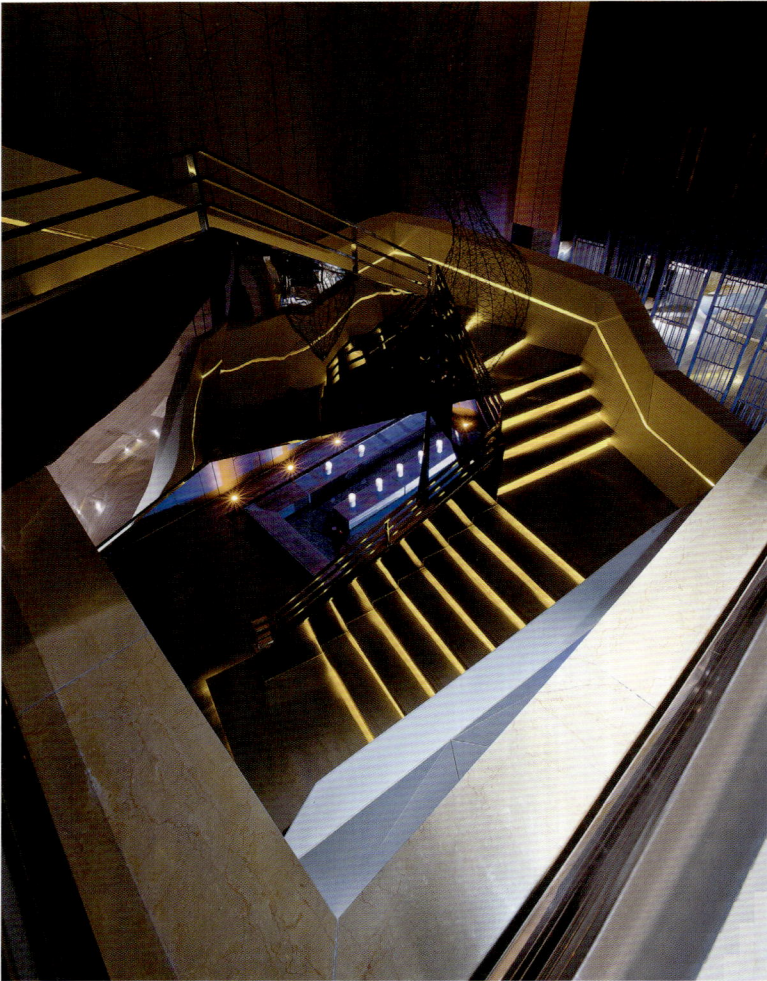

左1、左2、左3: 黄色照明具有方向指引性
右1: 纯净温和的米白色为主调
右2: 舒适卧房

## 06

CHINA Interior design annual
**club**

设计：王善祥、张劲

参与设计：李哲、张玺梁、王善辉、龚双艳

面积：1560 m²

主要材料：石材、竹竿、木饰面、竹饰面、透光软膜

坐落地点：上海市闵行区

摄影：胡文杰

温泉多数在有山的地方，而上海是没有温泉的地方。项目坐落于上海闵行区的农村，在一个几十亩地的苗圃里。所谓的温泉就是通过人工锅炉设备对水加热，然后将水排放在露天场所供人洗浴。这在今天的许多旅游场所十分常见，人们也并不去追究是否是真正的温泉，泡在开水里，乐在其中。

周边是村舍以及废弃的工厂，这几样构成了温泉会所的主要元素。"温泉"花园设置在苗圃树林里，由一家有经验的日本景观公司参照一些日本风格的温泉进行设计，将15个泡池掩映在花草树木及各式竹篱笆围墙中，使客人边泡在池内边欣赏蓝天、白云、皓月、星空。

我们的任务就是把旁边原有三栋单层的废旧厂房改造成室内洗浴和接待休息的空间。厂房原为钢梁屋架及彩钢瓦顶，下部是砖混结构的围护墙体，其中面积较大的两栋可以加建为两层空间，另外一栋较低可做为餐厅。三栋建筑为一个"U"字型布置，加上南面原有的村舍建筑，围合成一个大致方形的内院。室内功能依次为接待、更衣、

# SHANGHAI FUDAO VILLA HOT SPRING CLUB

## 上海富岛农庄温泉会所

男女室内洗浴、休息、按摩间、棋牌室、餐饮等内容。由于在原厂房与苗圃之间有一条村路做为园区的主要消防及运输通道，更衣后的客人无法直接穿过，于是设计了一个钢结构天桥，将室内休息厅与户外温泉花园连接了起来。本来并不是太大的地方，被功能布局贯穿起来的动线连接了各个区域，使客人在穿行空间的时候感觉远远大于实际面积，且在穿行、停留过程中充满了步移景异的趣味和变化。

在设计中，使用了较多石板、竹竿、碳烧木等天然的材料，营造质朴轻松的农庄氛围，与大城市的光怪陆离形成了一定的反差，为大城市的人们提供了一份农家"乐"。

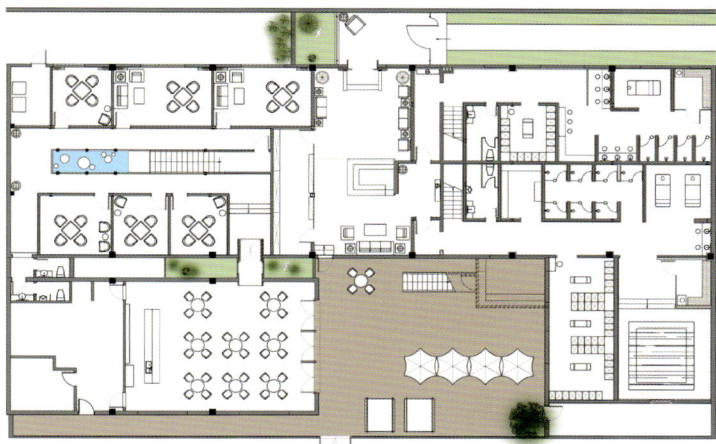

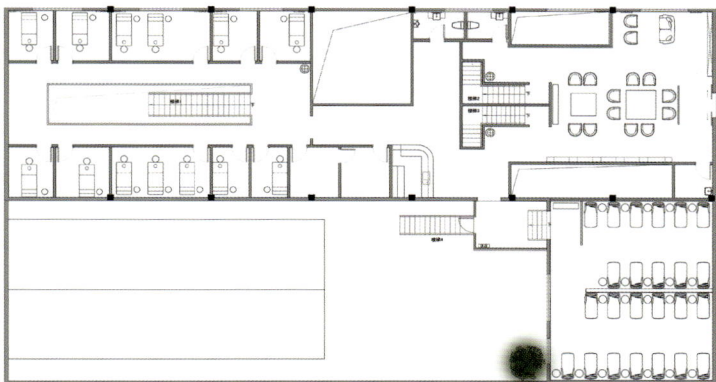

左1：两侧是竹篱笆围墙
左2：有趣的大门
右1：高挑的空间
右2：夜景

左1: 楼梯两侧是对称的过道
右1: 就餐区
右2: 质朴轻松的户外休闲区

左1: 精致的小天井
左2: 对称的布局
左3、左4: 墙面上跳跃的小鱼
右1: 休息区
右2、右3: 材料的细节
右4: 极富日本特色的布帘

设计单位: PAL设计事务所
设计: 梁景华
面积: 3000 m$^2$
坐落地点: 北京西山环

本案是除了样板房以外，特别为住户所设计的会所。其功能甚多，分别为餐厅、酒窖、室内泳池、健身室、棋牌室、书吧和茶室。运用现代及东方的设计手法，通过大方简约的线条及不同材质的配搭，以古铜色及米色为主调，加上精致的软装和雕塑，营造出一个尊贵优雅的豪华会所。

最显特别的当属泳池及餐厅。泳池采用波浪异型的仿木格栅天花，富有动感和艺术感，给泳者带来新鲜的体验。餐厅以牡丹花作为主题，天花图案正是牡丹花瓣的造型，富有浮雕质感。会所的设计融合了东西方文化和古今元素，也许这正是未来中国的设计方向和潮流。

# NO.1 WEST CHATEAU BEIJING CLUBHOUSE

## 北京西山一号会所

左1: 空间线条简约大方
右1: 圆形天花和地面相呼应
右2: 夸张的雕塑

左1: 走道
左2: 泳池采用波浪异型的仿木隔栅天花
右1: 餐厅
右2: 古铜色与米色为主色调

## 08

CHINA Interior design annual
**club**

本案追求的是空间的实用性和灵活性。该空间是根据相互间的功能关系组合而成的，且各功能空间之间相互渗透，空间的利用率也达到最高。空间组织不是以简单的房间组合为主，空间划分也不再局限于硬质墙体，而是更注重会所所拥有的各功能空间的逻辑关系。通过家具、吊顶、地面材料、陈列品甚至光线的变化来表达不同功能空间的划分，而且这种划分又随着不同的时间段表现出灵活性、兼容性和流动性。

本案在选材上不局限于石材、木材、面砖等天然材料，而是将选择范围扩大到金属、涂料、玻璃、塑料以及合成材料，并且着力夸张材料之间的结构关系，力求表现出一种完全区别于传统风格的高度技术化的室内空间气氛。在材料之间的关系交接上，更是通过特殊的处理手法以及精细的施工工艺来达到要求。

设计单位: 重庆宗灏装饰工程有限公司
设计: 刘增申
面积: 2000 m²
坐落地点: 重庆市渝北区冉家坝
完工时间: 2014年1月
摄影: 李季风

# RJ8 CENTER CLUB
## RJ8中心会所

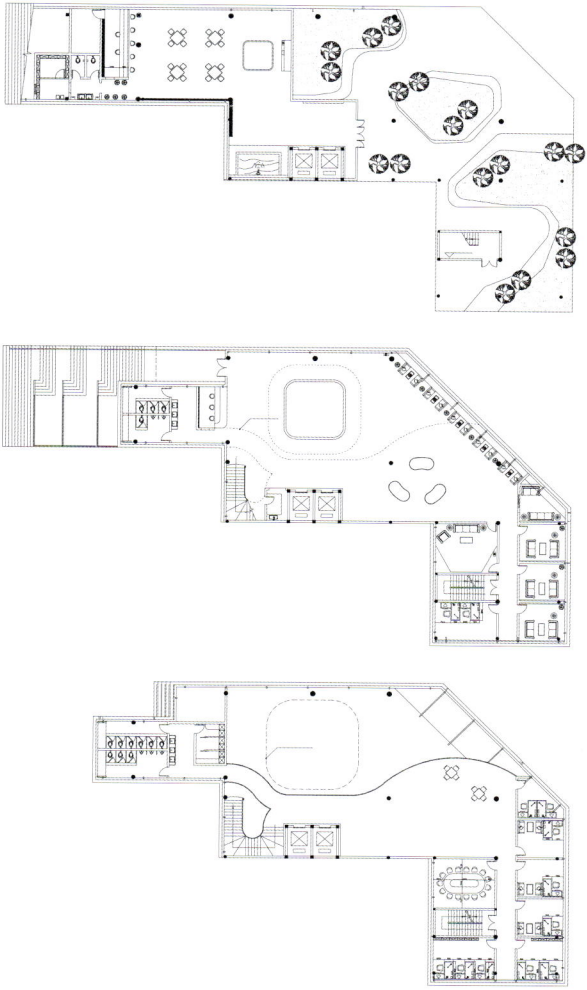

左1、右1: 宽阔大气的大堂空间

左1: 二楼走道
左2、右1: 墙顶面采用分割的块面
右2: 奇特的光线布置
右3: 小型休息室

09

CHINA Interior design annual
**club**

设计单位: 陈方晓设计师事务所
设计: 陈方晓
参与设计: CDI设计师事务所团队
面积: 3000 m²
主要材料: 水泥染、白蜡木炭化、海化石、亚麻
坐落地点: 厦门
摄影师: Fans

当业主与我一起为此项目选地时，我被山上质朴的岩石打动了。我同业主讲我要保留如此敦厚、憨态可掬的岩石，设计一个从深林里的石头上长出来的房子，从建筑设计开始，我就把最像"厦门人"的质朴岩石具象、抽象作为设计元素来扩展整个设计，把房子建在石头上。

我一直在想如果有这样的一个空间能够唤起我对儿时的记忆那应该是多么梦幻的一件事。于是，我设计了一个电影厅，在天然的岩石上盖成房子加上树枝做装饰，真如同回到小时候看露天电影的感觉。

项目中，有一面废旧的屋顶，是设计的难点，我突发奇想，把天上的美丽云彩借用下来，让 TA 作为最珍贵的饰品，运用到我的项目里。于是，我设计了一面很浅的水，最终建成后的结果是真正地把晚霞跟云彩直接借到地面，浅浅的水变成整个空间最有灵气的地方。

# THE HOUSE LENGTH FROM A STONE

## 石头里长出的房子

## 10

CHINA Interior design annual

**club**

设计单位: 上海煦石室内设计有限公司
设计: 端木芸萱
参与设计: 孙盛惠、汪俊辉、黄维董
面积: 400 m²
主要材料: 老木头地板、防腐木、老瓦片、地坪漆、木蜡油、竹子、麻绳
坐落地点: 湖洲市莫干山风景区劳岭村
完工时间: 2013年10月
摄影: 孙盛惠

当今城市, 不论规模, 皆是钢筋水泥林立, 千篇一律高楼大厦, 失去了传统建筑本该拥有的温度和工艺, 而少数仍保存的, 也因为无法阻挡时代脚步, 慢慢在褪去历史赋予的古韵和魅力。在时光没有把莫干山这个古今中外闻名的"世界建筑博物馆"完全改变之前, 香巴拉生态会所之设计概念仍然顽固地守护着古朴的卡榫原木结构, 并赋予了老建筑新面貌和新生命。

沿着石阶拾级而上, 修林茂竹深处, 便是这座与自然融合的绿建筑, 一座四十年的老农舍。保留原始梁柱楼板, 重新加强结构, 开阔门窗, 引进阳光空气与更多的自然景观。香巴拉生态会所再次借助设计, 将废弃老农舍改建为朴实脱俗的现代建筑, 体现临近自然的意图, 却又巧妙地重新划分了空间。相较于一期, 二号楼更重视南北向的自然通风, 并以木造双层联通门作为隐形的东西向动线。大量地使用了旧瓦片、旧木地板以及混合了泥土的墙面涂料, 从用材、家具到装饰品, 混合了法式乡村及中式老建筑元素, 烘托出一个具有浓厚"家的感觉"之世外桃源。

# SHAMBHALA (MOGAN MOUNTAIN) ECOLOGICAL CLUB PHASE 2

## 香巴拉(莫干山)生态会所二期

老建筑的新生，使我们不得不同意建筑物是有生命的。像树，像花，从土壤里拔地而生。亦需要阳光、空气、水。使之融入于自然环境里并且毫无违和感，在风中，在雨中，依然挺拔，并且用一种最优雅的姿态竖立着。

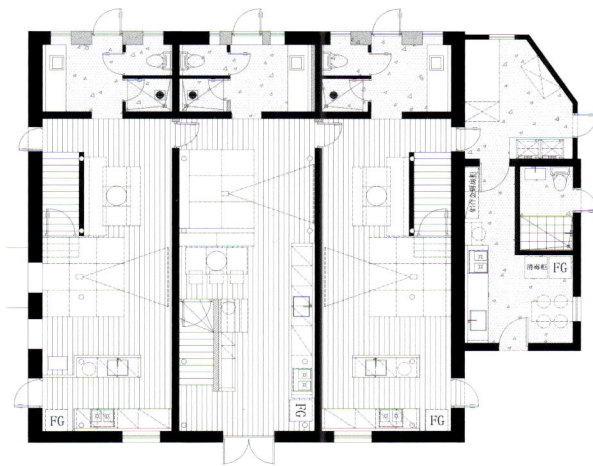

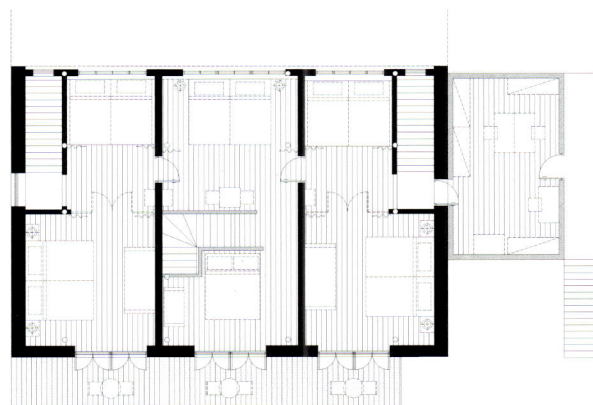

左1: 保留下来的扎实原木结构和墙面法国蓝完美结合
右1: 边看电视边品饮料

左1:错落空间的神秘感
左2、左3:木材带来自然之风
右1: 加大的卧榻区适合玩耍和休憩
右2:原木卧榻配上水彩花布抱枕

## 11

CHINA Interior design annual
**club**

设计单位: 北京优恩空间环境设计有限公司
设计: 高立平
参与设计: 齐雁舒、高宏伟
面积: 650 m²
主要材料: 水泥、红砖、原木、青瓦、绿植
坐落地点: 北京市昌平区兴寿镇上苑艺术家村
摄影: 王长宁

环境通常所指为物理空间概念属性和由此物象（物质存在）折映的心理空间概念属性（对应感知）的总合，即自然环境与人文环境。相对于某一事物来说（通常称其为主体）并对该事物会产生某些影响的所有外界事物（通常称其为客体），环境是指相对并相关于某项中心事物的周围事物。

小院在此概念下，对各功能配置的相对合理性（形式的）、准确性（尺度的）、心理感知场域的相对延展性（空间的）、单纯性（质料的）和穿越性（时间的），要在整体上把握分寸。我们尽可能地规避既有经验，主观上希望突破物理场域和心理场域的界定，达至反时尚的目的，趋近本真并使之恒久。我们经常在短视和浅表的状态下，去判断一个环境并对其进行粗暴的施加，以为获取了对环境的话语权，并发出声音，其不知却完全丧失了对此环境的有效性掌控，这一常规的运行过程，每每在欺骗着我们自己的感官功能，并乐此不疲。

小院是僻静的，是安详的，是稳态的。我们寄希望于小院环境中的某物能寻找到它

# SHANGYUAN YARD-UN CLUB

## 上苑小院——UN会所

既有的方位并与之对话，捕捉它散溢出的历经久远年代后仍保存之光辉，哪怕微弱，

也会引领我们朝向出发之地，去感受它的存在。

左1、左2: 朦胧的小院
右1: 素净的色彩

左1:绿色掩映
右1、右2、右3:空间局部

设计单位: 斯博兰德
设计: 罗刚
参与设计: 崔益林
面积: 700 m²
主要材料: 木材、石材、砖、乳胶漆
坐落地点: 成都高新区工业起步园
摄影: 唐溢

本案位于业主企业园区办公大楼的顶层,设计师完全按照业主本人的爱好需求打造出一个个性化的私人休闲空间,偶尔也作为会见尊贵访客之所。

庄重、质朴、有工业文明的气息但要植入人文精神关怀是设计师对本案的最终表现。因此,对称的布局、红砖墙、硬山顶等元素运用在了建筑之上。而对于室内,设计要在传统表现基础上,从东方文化的本质里去提炼并融入当代元素。中庸、自然、质朴、禅意、和谐成为项目的诉求。设计师刻意抛弃了一些在传统中式里过于浮夸和有代表性的符号,更多融入多元化的元素,避免单一的表现,让人一眼看到后无法一口定义它,从而也体现出空间丰富的内涵和人文气息。这也恰好契合了业主公司的企业文化——包容的精神和对员工的人文关怀,这一主题正好透过空间来传达。

墙面大多运用素色基底感的浅灰调和深蓝调,营造出静谧的氛围,契合业主低调沉静的品味。洗手间运用了大量石材,质朴中带出工业文明的气息,卫浴品牌选用德

# EAST HUACUI-AN ENTERPRISE PRIVATE CLUB

东方华粹-企业私人会所

国唯宝卫浴，其干净流畅的线条深受工科出身并且从事工业制造业的业主所喜爱。追求品质感的空间必然要避免商业化陈设计上的千篇一律，不可只顾视觉而不顾品位。因业主本身喜欢犀利的线条，所以在这里没有繁复璀璨的水晶吊灯，只有干净利落的几何型组成的台灯，和如一轮明月般给空间增添禅意的简单圆形吊灯。看似简约的布艺沙发，出自"设计共和"之手，是独一无二的专属定制。

业主对于视听设备有着极致的追求，并希望在一个开放式的环境里随处可听到高品质的音乐，所以欣赏音乐的状态就被设计成了喝盖碗茶的感觉。桌椅是业主历来收集的藏品，简洁富有韵味的挂画出自国内名家之手，给人以遐想的空间，可谓点睛之笔。此外，茶具花瓶这些小摆件大多出自上海当代艺术家的新锐设计，均为原创限量版。在细节功能上，设计师巧妙地将门藏于墙面，或像窗子，或似柜门，保持了整体空间的美感，别具匠心。

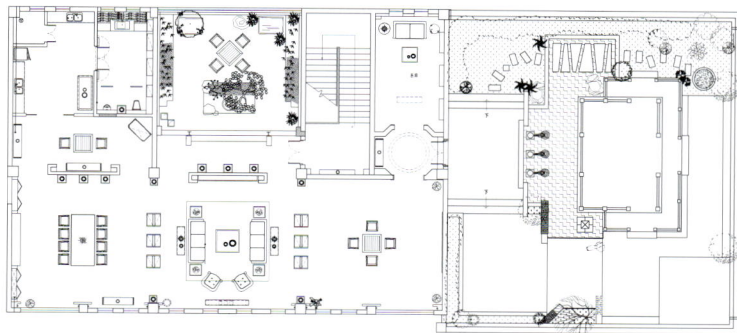

左1: 户外小院
右1: 茗茶区

255

左1:墙面饰素色基底感的深蓝调

右1、右2:阳光明媚的去处

右3:卫生间也放置了精美的艺术品

13

CHINA Interior design annual
**club**

设计单位: 苏州苏明装饰股份有限公司
设计: 费宁、吕恺
参与设计: 陈青松
面积: 1539 m²
主要材料: 石材、成品木饰面、钛金不锈钢
坐落地点: 江苏省苏州市李公堤D岛
摄影: 潘宇峰

会所空间营造出江南清雅色系的环境氛围，适当的黑色装饰柱稳住了整体色调，从整体到局部精雕细琢,给人一丝不苟的印象。大面积运用统一的装饰手法与对称格局，令空间整体而端庄，同时绿色植物与局部饰物亮点使空间稳重而不失生动。

利用不同材料的质感和色泽进行搭配，将现代时尚与奢华相结合。白色、米色、灰色和浅咖色配搭，以深色线条勾勒，色调清雅，柔和精致。多采用竖向线条造型，强调空间的高度与纵深度。一些空间适当添加了补色蓝色来活跃氛围，用黄色木饰面替换掉部分石材饰面，并勾以金色的边框。通过材质的对比使空间感觉丰富饱满、细腻精彩；通过装饰品的纹样和肌理运用，细节部位点缀中式元素，强调主人不凡的品位。

此空间的巧妙在于色彩的统一融合，除了江南清雅色系特有的灰色、黄色、淡紫色，适当的蓝色活跃了整个空间，实为点睛之处。细腻的处理，温文尔雅的色调，放松的环境，会使进入到会所的人们，放下心中的繁琐事情，找到放松舒适的一刻。

# SUZHOU LI GONG DI CLUB

## 苏州李公堤会所

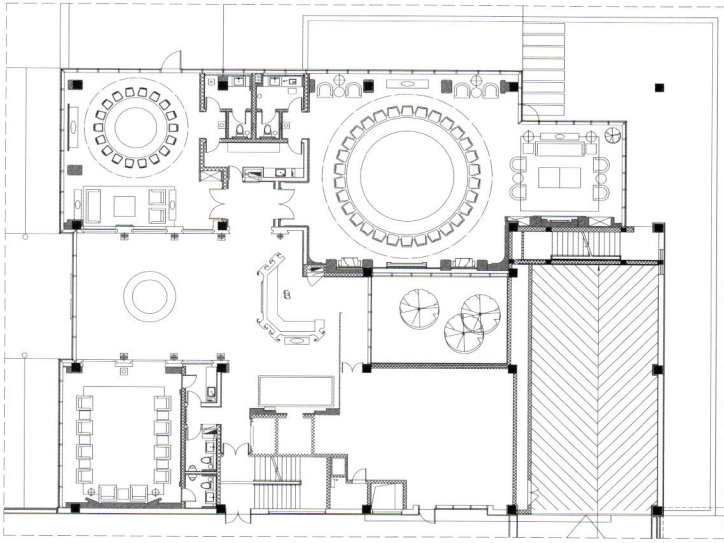

左1: 大厅采用金色与石材相结合

右1: 会客室利用适当的金色提亮了空间

右2: 饰物使空间稳重中不失生动

**14**

CHINA Interior design annual

**club**

设计灵感来自跑车充满张力的弧线。弧线被运用到地面与天棚，流畅的弧形让空间视觉得以延展。墙体造型借鉴宝石的切割工艺，黑色、灰色搭配让空间有了激情的节奏。设计师充分应用线条粗细对比、体块大小对比、色彩深浅对比、灯光冷暖对比等视觉传达手法，让并不大的空间显得更大，层次分明，有了空灵深邃的感觉。

设计单位: 陈方晓设计师事务所
设计: 陈方晓
参与设计: CDI设计师事务所团队
面积: 5000 m²
主要材料:白色、灰色人造石、黑色镜面不锈钢、深色幕墙板、驼色手工地毯、巨幅摄影作品、氟碳金属漆、可变色LED灯带
坐落地点: 西安
摄影师: Fans

# POWER OF CURVE
## 曲线的力量

右1:弧线被运用到地面和天花

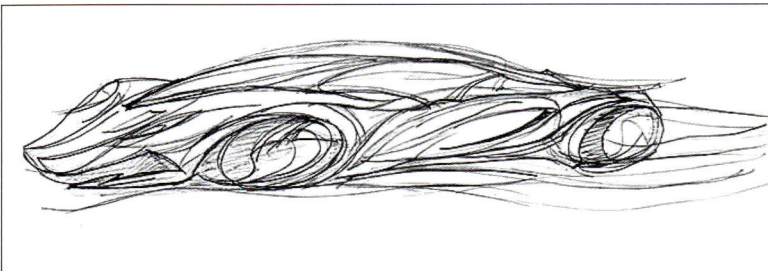
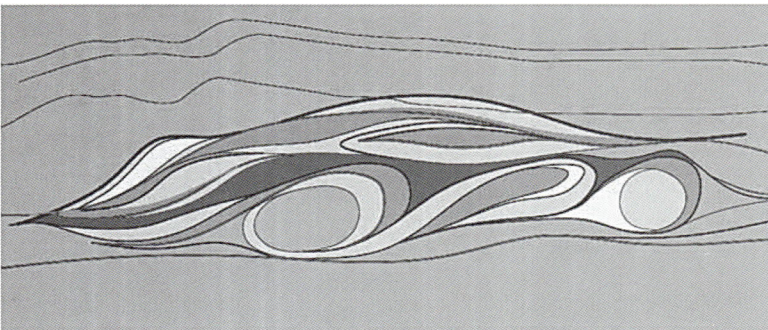
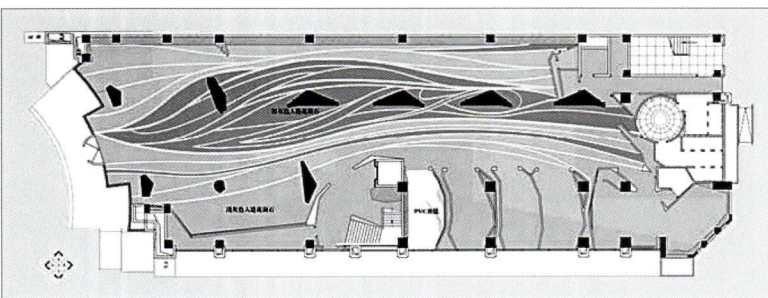

左1: 粗犷的墙面
右1：设计灵感来自跑车充满张力的弧线
右2、右3: 粗细线条营造出纵深的空间感

## 01

CHINA Interior design annual
**culture and education**

建筑设计: 北京三磊建筑设计有限公司
室内设计: 杭州典尚建筑装饰设计有限公司
设计: 陈耀光
面积: 3000 m²
主要材料: 地砖、大理石、乳胶漆、地板、地胶板
坐落地点: 北京通州区"梨园"主题公园

"看得见的场所，看不见的设计，让设计消失在空间中，让作品的灵魂从沉淀中渗出来"。时过十年后北京韩美林艺术馆二期再次进行设计。

韩美林先生是不断创新又多元的艺术家，有相当多的草图、模型、手稿需展现，而展馆却缺少了对作品创作过程的介绍。为满足人们想全面了解韩美林作品的需求，专门设立了"三馆一厅"，即设计馆、手稿馆、紫砂馆和城市雕塑厅（雕塑厅即为将近 12m 高的中厅），总设计面积 3000m²。

传统东方与当代国际相融的艺术品，新旧建筑交替的空间，是设计的重心。在空间的界面上，有意凸显一种强烈反差，以大面积空旷的现代白色围合局部的古典红色，包裹着两端茶楼和戏楼的局部古典立面，以东方的戏剧效果演绎，使用当代的写意手法，夸张的尺度令人耳目一新。

# BEIJING HAN MEILIN ART MUSEUM

## 北京韩美林艺术馆

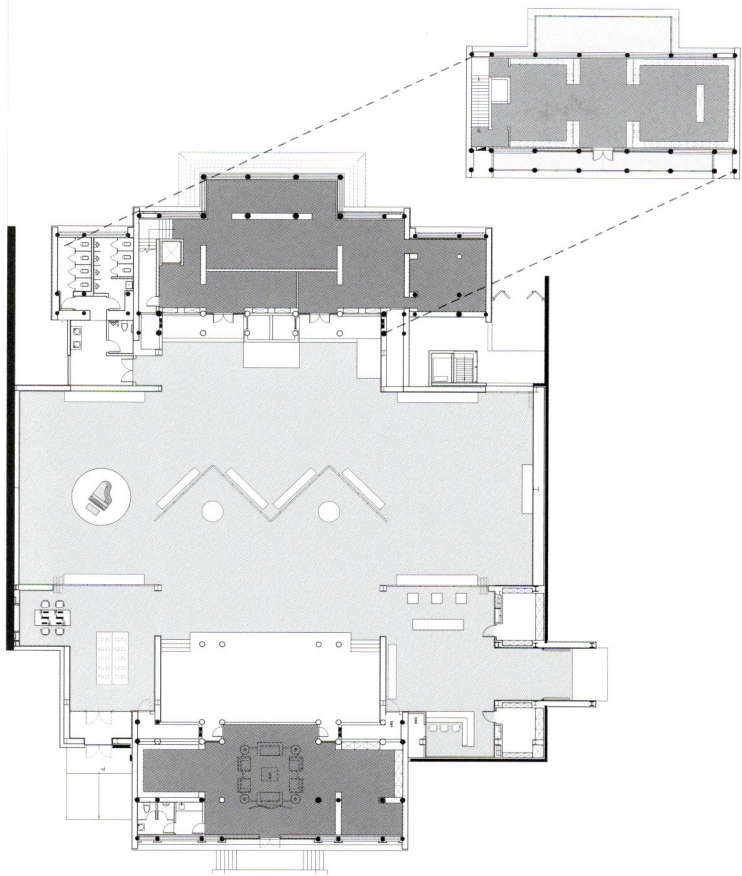

左1、右2: 以大面积空旷的白色围合局部的古典红色
右1: 红色坡顶

左1、右1: 灰色地面庄重大气

## 02

CHINA Interior design annual
**culture and education**

设计单位: 安徽新华学院
设计: 许建国
参与设计: 刘丹、汝亚国、姚传宏
面积: 210 m²
主要材料: 意大利木纹石、水曲柳肌理板、仿古砖、旧木板、腐南木
坐落地点: 合肥
摄影: 吴辉

书吧设计最大的特色在于设计师对狭小有限空间的利用与分割，两间通透的门面房被划分出的立体空间发挥到极致。而立体空间的营造使空间贯穿成一体，中庭结合楼顶光线的分割造景与天井相结合，一气呵成。材质的运用主要以质朴的原材料为主，如原木材、原板面、原石材及裸漏原墙等。设计师还在很多原有的拆迁建筑物上取得一些传统建筑元素，包括石雕、木雕、花格等，进行现代改装和嫁接使之形成独特的设计语言。

设计中采用中国传统建筑中相互借景等园林式手法，创造出自然舒适和放松心情的学习环境，书吧的特殊意境使人们在此得到心灵的共鸣。书吧的屋顶处理是整个设计中的一大亮点，简单的月牙式屋顶既是对徽派建筑的诠释，也是一种平民话的语言，使人们得到最大限度的放松。

# BOOK BAR

## 书吧

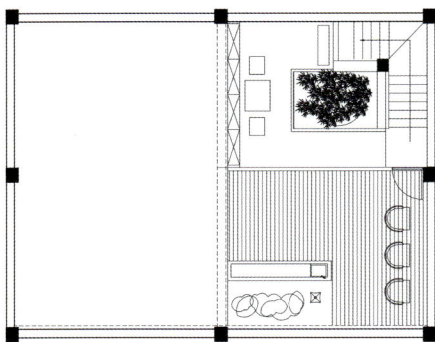

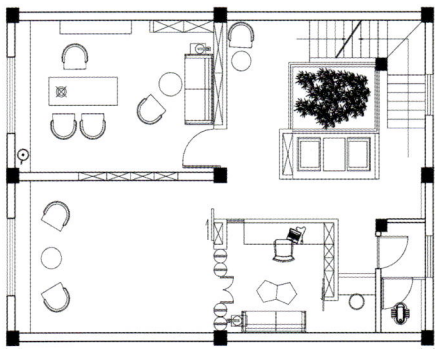

左1: 圆洞造型配上盆景古意盎然
右1: 外立面
右2: 竹帘清雅
右3: 竹林小景
右4: 整墙的书架

左1: 长条木桌
左2: 文房四宝
右1: 青砖粉墙
右2: 顶楼

## 03

CHINA Interior design annual
**culture and education**

设计单位: 杭州海天环境艺术设计有限公司
设计: 姚康荣、张涛
参与设计: 秦玉刚、金周文
机电设计: 徐坚
面积: 1500 m²
主要材料: PVC卷材、GRC模板、钢结构、彩色涂料
坐落地点: 杭州西溪印象城

奥兰德海洋村为孩子们提供一个在室内与海洋亲近的乐园界面，它是集观赏、游玩、学习、参与、互动为一体的室内亲子乐园。为孩子们展示海洋博物，寓教于乐，形成一个互动休闲和健康玩耍的场所，同时为奥兰德海洋村营造一个示范性窗口和交流平台。

原建筑室内空间层高为 5m，借用原机电设备层裸露的管线形成丰富的顶部空间，在层高许可的情况下设置了夹层，满足儿童热爱攀爬的心理，丰富了竖向游玩动线，营造海洋的深邃感，又增加了营业面积。设计中充分考虑到儿童心理，依据儿童游玩尺度进行形体设计，让孩子们在游玩中了解海洋的自然动植物知识，建立起与自然界互动的亲切感。运用流线、曲线、异型构件来围合空间，利用 GRC 轻质材料打造海洋环境的抽象造型，使空间更具童趣感。海洋特有的蓝色使室内环境呈现海天一色的优美景象，选用橘黄、浅紫、梅红来点缀、象征海洋生物，营造属于海洋特定环境的色彩印象。

# OCEAN VILLAGE OF XIXI IN-CITY IN HANGZHOU

## 杭州西溪印象城海洋村

左1: 夹层内的连廊
右1: 圆形平台形成错落有致的夹层
右2: 模拟抽象鲸鱼的入口
右3: 水波浪组成的消防通道

室内功能布置开放，闭合有序，从大空间到小空间，从高到低，从小海湾到礁石，形成富有序列的变化空间，就像一首乐曲，张弛有度，具有节奏感，景随步移，曲径通幽，让孩子在游玩中别有洞天，一个又一个不同空间的有趣氛围，让孩子们乐不思蜀。更有大、中、小水池模拟自然海洋生活环境，给不同的海洋生物分门别类。

具体功能区域分为时空隧道、海盗船、儿童生活操作室、公主城堡、表演厅、娃娃家、维尼熊游乐堡、淘气堡、决明子沙池、咖啡吧以及各种大小水池等。

灯光设计的运用上在满足预算前提下，采用分系统、分场景可调灯光设计，运用灯带、泛光、透光、反射光、点光、面光组合来营造海洋场景感，使海洋村气氛更亲切，更童趣，成为儿童喜闻乐见的场所。

## 04

CHINA Interior design annual
**culture and education**

设计单位: 朱周空间设计
设计: 周光明
参与设计: 洪宸玮、朱彤云、何昭君
面积: 16000 m²
主要材料: 橡木地板、灰色雅光玻化地砖、黑色钢板柱子、圆铁管灯
坐落地点: 上海嘉定
摄影: Derryck Menere

# JIADING LIABRAY
## 嘉定图书馆

嘉定图书馆的室内设计融合了建筑设计，与嘉定民风纯朴，文风鼎盛，风光秀丽，人杰地灵的特色结合，将江南水乡书院的风格概念从室外延伸到室内。

大量运用暖色调的木质天花、墙面，以及阅读桌面，现代中式线条在空间里面得以简练的体现，有别于建筑外观的灰色砖墙堆积感，进入室内后空间自然开阔起来。希望在公共空间里创造出理性与感性之间亲和的平衡，有别于一般图书馆大量且过高的书架陈列，设计师在思考人的视觉同时，反而运用低于身高的陈列高度，提供的是更多人在空间中的"呼吸度"，将"人"、"物"、"空间"的关系，结合东方虚实之间的思维，融入了传统院落里"窗"、"景"、"光"的错落美感，让视觉可以从室内延伸到室外。

而馆内多功能的配置适当将现代多媒体技术融入空间，在不突兀的状况下合宜地表现，实现功能的实用性，诸如全无线网路覆盖、多媒体视听特色馆、多媒体文献借阅区、24 小时自助图书馆、还配置有视障阅览室、视听室等。亲子图书阅览室使

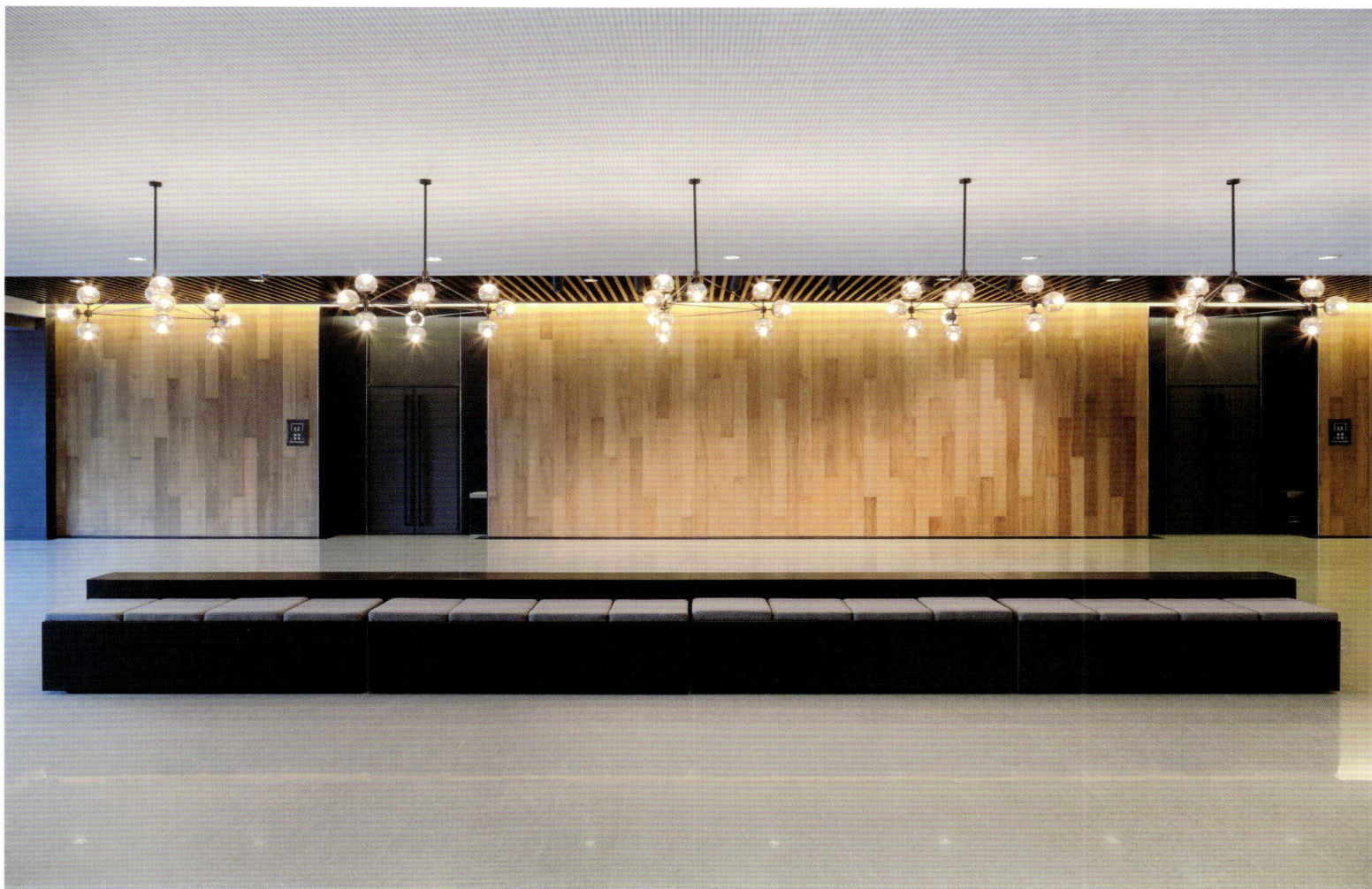

用清爽的淡色调，活泼地将"森林"带入，天花照明巧妙隐藏在"树林"上，配合不同年龄层的儿童，在座位的设计上也有不同的高度考量。500人座位的超大剧院则采用竹林的概念带入墙面和排练室。配合各个空间的不同需求，希望达到人在空间中所能感知的最大舒适度。

设计以"人"和"自然"为出发点，以最贴近市民使用的公共空间为设计初衷，结合当地的历史与自然特色元素，将新中式简约哲学也融入到了公共空间设计中。

左1: 江南水乡般的书院风格
右1: 接待台
右2: 暖色调的木质墙面

左1: 现代中式线条在空间里得以简练的体现
左2: 将多媒体技术适当引入空间
右1: 亲子阅览室活泼地将"森林"带入
右2: 设计融入传统院落里"窗景光"的错落美感

## 05

CHINA Interior design annual
## culture and education

设计单位: 朱周空间设计
设计: 周光明
参与设计: 洪宸玮、朱彤云
面积: 11000 m²
主要材料: 石英石、中国黑大理石、黑色烤漆镜面玻璃、黑色烤漆铝板、金箔、老榆木
坐落地点: 上海嘉定
完工时间: 2013年9月
摄影: Derryck Menere

韩天衡老师为国宝级的篆刻大师，其成就及地位已是不可动摇。而美术馆的建立希望呈现的除了大量的展品，也希望将韩老师的艺术精神传递给观众。

美术馆的前身为纺织工厂改造，建筑设计师保留了原本的建筑特色，并且大量使用黑色元素。而我们在室内空间的概念上面，希望将"闲、隐、游、赏"的中国式美学思维，实际落实到美术馆的体验上，使大众可以自由自在地欣赏馆内丰富的展品。

挑高的大堂，以"知黑守白"为中心理念，大量的白色石材墙面，将"篆刻"和"方正"的概念延伸至空间里面，与另一面黑色的墙面相呼应，毫无压迫感地表现出美术馆的格局。建筑上保留的天花开窗，也与地板设计做呼应，"黑与白"、"阴与阳"得以和谐的存在。展厅的设计着重于大量篆刻作品的呈现，舒适的动线规划辅以柔和的光线，精巧地凸显展品的特色。

韩老师的作品以及大量的收藏，除了表达其独到的文化底蕴，也传达了个人生活的品味及追求。我们在空间上以不夸张不突兀的设计表现来传达大师绚烂的艺术精神。

# SHANGHAI HAN TIANHENG GALLERY

## 上海韩天衡美术馆

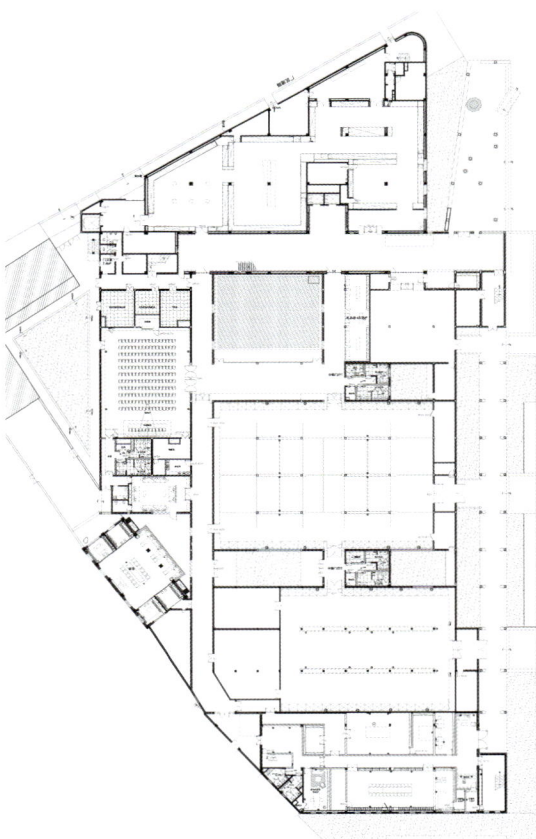

左1、左2: 展厅着重于大量作品的展现
右1、右2: "黑与白"、"阴与阳"得以在空间中和谐存在

左1、左2: 展厅着重于大量作品的展现
右1、右2: "黑与白"、"阴与阳"得以在空间中和谐存在

**06**

CHINA Interior design annual
**culture and education**

设计单位: 中国建筑设计研究院环艺院室内所
设计: 刘烨、张晔、饶劢
参与设计: 郭林、马萌雪、纪岩
面积: 15000 ㎡
主要材料: 木装配板、金属网、铝板表面木纹转印、亚麻油地面
坐落地点: 北京外国语大学
摄影: 夏至

作为北京外国语大学老图书馆的改扩建，设计保留了老建筑的梁、柱及框架结构，突出了结构的框架构成感，在老的框架中嵌入新的功能，营造古朴安静的阅读气氛。

核心部分为有着充分自然采光的高大空间，被改造为了层层叠退的五层共享，开放式的大楼梯连接起了每一层的藏阅空间。在洒满阳光的中庭拾级而上，随手拿起一本书坐下小憩，人的活动在这里成为一道安静的风景。

"书山有路勤为径"，在本案设计中，我们尝试使光成为空间中的主角，规划自然光与人工照明，或明朗，或静谧，根据不同区域的使用要求对光线进行配置。面向屋顶庭院设置阅读桌，充分利用自然光线，阅读区桌面设置直接照明，而顶面则成为漫反射的载体，提供了均匀而安静的空间氛围。

# BEIJING FOREIGN STUDIES UNIVERSITY LIBRARY

## 北京外国语大学图书馆

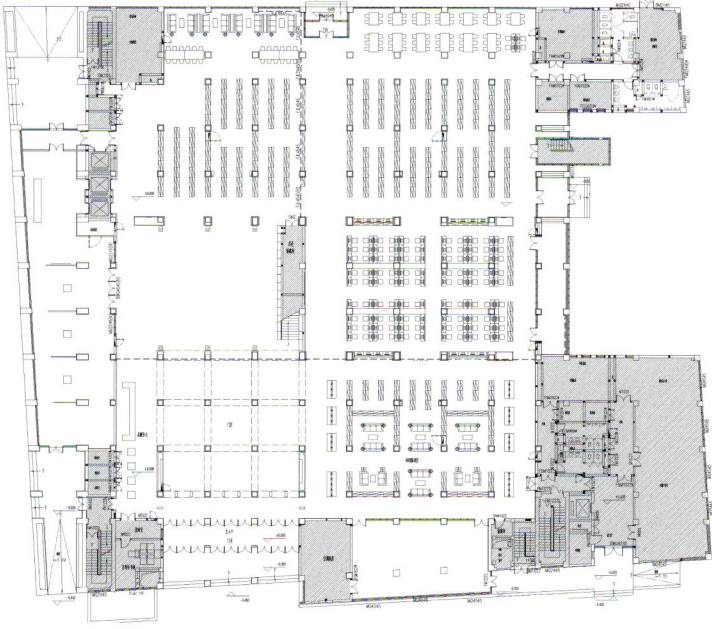

左1: 网格式嵌入体像树林般起到了过滤的作用

右1: 共享空间

右2: 层层叠退的"书山"

CHINA Interior design annual
**culture and education**

昆山文化艺术中心分为演艺中心和影院两部分。建筑语言大气疏朗，伸展舞动，取江南山水舒展之型，得昆曲高阶典雅之意。室内空间延续了建筑语言，空灵飘逸，有出尘之感。设计手法中，充分运用了不同材质和光线的组合营造出了层层叠进的流畅动线。大胆而单纯的曲线在立体的空间中肆意舞动，象征着飞舞长袖，层层穿孔纱一般的晕染，象征着浩淼的烟波，宛若梦境。

与剧院华美欢愉的气氛相对应，会议中心以古朴端庄的木色为主基调，同样强调飘带般的曲面在空间中舞动飘摇，肆意生长，充满生命力。

设计单位: 中国建筑设计研究院环艺院室内所
设计: 张晔、盛燕、纪岩
参与设计: 饶劢、马萌雪、郭林、韩文文、刘烨
面积: 30000 m²
主要材料: 环氧磨石、GRG、成品木挂板
坐落地点: 江苏省昆山市前进西路1850号
摄影: 夏至

# KUNSHAN CULTURE AND ART CENTER

## 昆山文化艺术中心

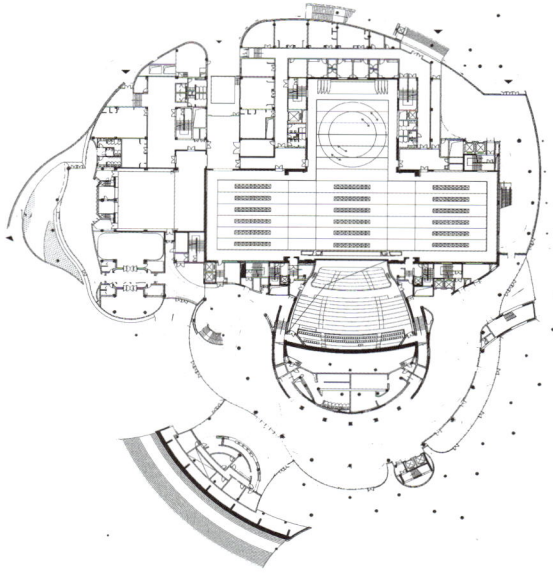

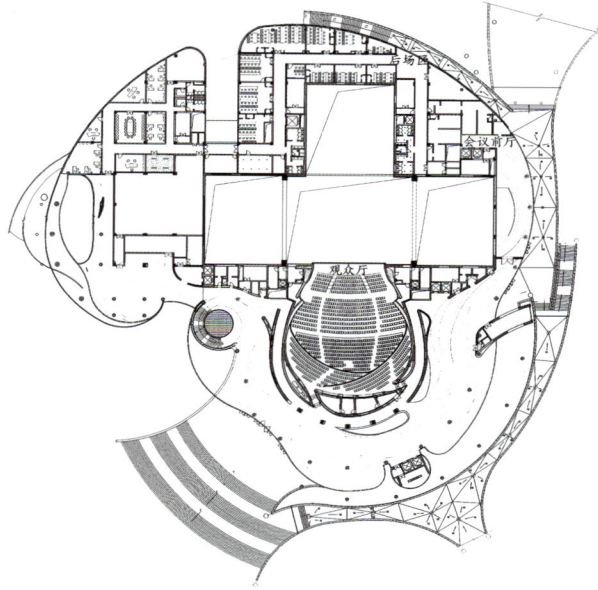

左1: 室内空间延续了大气的建筑语言

右1、右2: 层层叠进的流畅曲线

左1、左2、左3、右1: 大胆而单纯的曲线在立体空间中肆意舞动

CHINA Interior design annual
**culture and education**

设计：琚宾
参与设计：韦金晶、韦耀程、许金华、陈群雄
面积：800 m²
坐落地点：重庆南川区
完工时间：2013年9月

悖谬性的思考，和这个案例的物理条件在一定程度上成为了解题的原点。方案在空间的处理上保持了建筑的原生形态，将原建筑结构中的梁所具有的结构美、力量美以及秩序美在空间中表现，与传统教堂空间的构成有着隐蔽而内在的联系。

方案是多重矛盾相互碰撞之后的一种解析与平衡，东方地域环境与西方传统意识的宗教建筑框架，此为第一个矛盾点；基督教本身倡导常在的质朴与外在环境打造的话题性景点属性，这是第二个矛盾点；建筑本身的传统或者说局限性，与我们所思考的以实致虚的当代性，又构成第三个矛盾点。

在解决种种矛盾、兼顾不同人群不同的诉求点上，我们兼顾传统与当代，用最少的笔墨去勾勒一个平和的空间，有着专属于这个场地的精神价值，弱化了其宗教功能，以提供一个人们心灵休憩的场所，一个分享节日、纪念日，充满喜悦的"温暖盒子"。

每个进入空间的人触碰到属于自己的感动点，并借着空间与自我进行对话的过程中，空间因情感的注入开始充盈，开始丰满，开始超出六合之外，由此变得"教堂"了起来。

# CHONGQING LIXIANG LAKE CHURCH
## 重庆黎香湖教堂

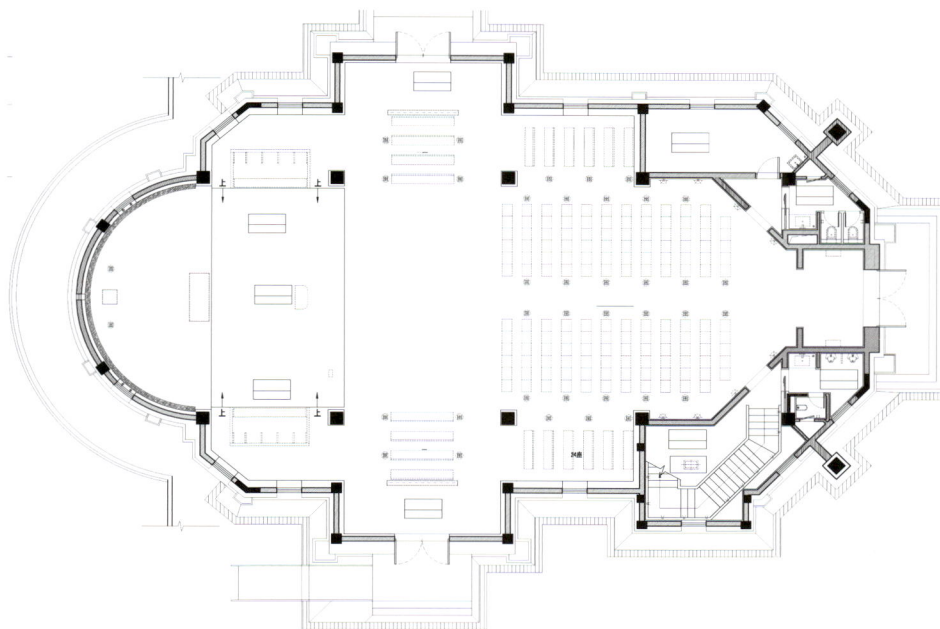

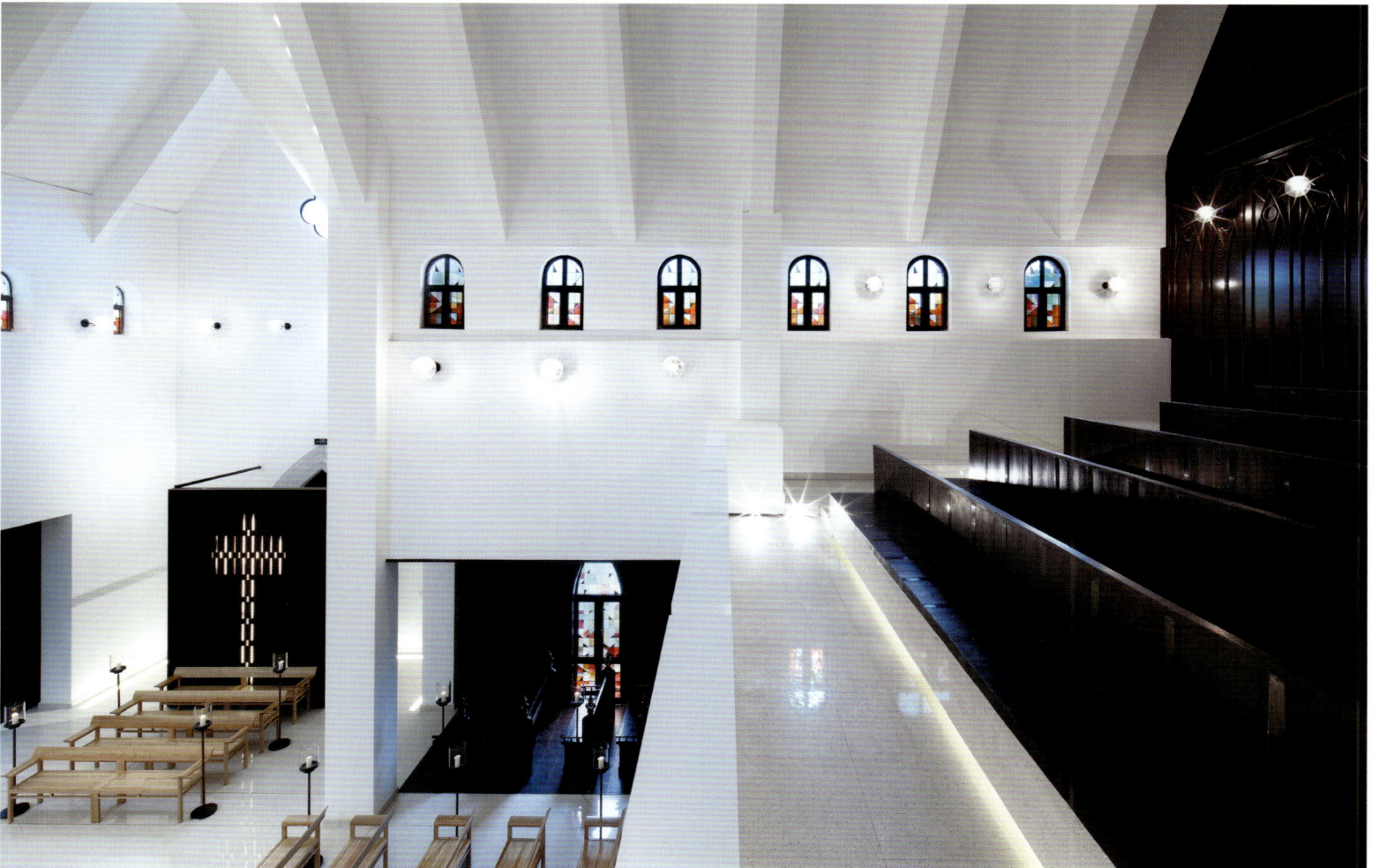

CHINA Interior design annual
**culture and education**

设计单位: 中国建筑设计研究院环艺院室内所
设计: 张晔、刘烨、盛燕
参与设计: 饶劢、纪岩、郭林、韩文文
面积: 36170 m²
主要材料: 深色石材、彩釉玻璃、GRG
坐落地点: 重庆市渝中区临江路
摄影: 张广源

重庆国泰艺术中心室内设计包含公共空间、剧院、音乐厅、多功能剧场、美术展厅等内容。室内设计中沿用建筑设计语言，以古典传承为支撑，采用舞台的、戏剧化的表现方式，融合技术创新，展现重庆印象。

题凑是建筑的设计元素，也是室内的构成工法，整个建筑外部和内部由"题凑"的方式搭建，用题凑实现功能，比如休息分区、垂直交通、荧屏显示、剧院包厢、引入天光、提供照明等。题凑是功能的叠摞，也是重庆山城的缩影。

主色调是浓烈的红黑对比色，红与黑是重庆骨子里的色彩，性格里的硬朗和耿直，情绪里的火辣与热闹相得益彰，正如红黑相衬、红黑相融时所焕发出的力度和气场。

# CHONGQING GUO TAI ARTS CENTER

## 重庆国泰艺术中心

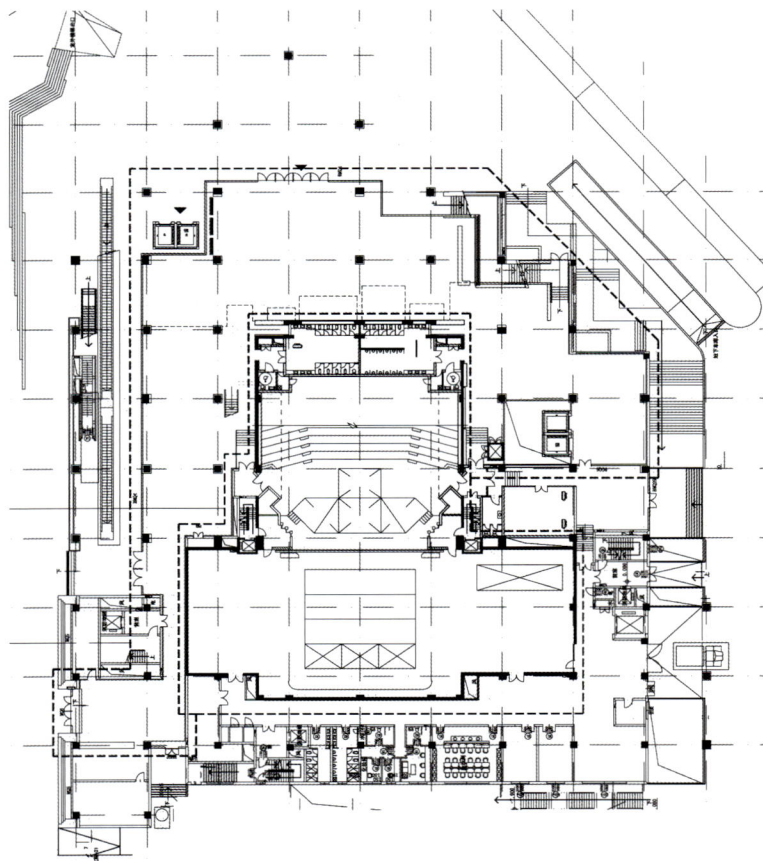

左1:连接两层的楼梯成为第一件展品
右1:巨大的红色题凑穿插在剧场与前厅之间
右2: 红色剧场
右3: 各层的红色题凑仿佛散入天光的天井为空间带来光线
右4: 音乐厅

设计单位: 宁波市高得装饰设计有限公司
设计: 范江
面积: 1600 m²
主要材料: 金砖、花岗石、火烧板、龙骨砖、小平砖、清水混凝土、石灰墙
坐落地点: 宁波
摄影: 潘宇峰

位于宁波镇海区澥浦镇的郑氏十七房,绝大部分为清乾隆至光绪年间建筑,现存建筑面积有4万多平方米,仍住有郑氏后裔,郑氏为历史悠久的浙东大族,高邦之家。村落内高高的马头墙与旗杆,幽幽长廊,绿水环绕,青山如黛,建筑融化在江南的灵秀中,依稀可闻岁月的沧桑。此次设计是选取郑氏十七房的一个院落作为艺术展示交流的平台,能在这个有底蕴的建筑中留下设计之笔亦是一种幸福。

原有建筑不动分毫,而新做的设计却充溢现代文人气息,以水墨山水之韵味为设计构想,让优雅的书卷墨香在古老的空间蔓延开来。设计师并不依据建筑的原造型和色彩做为延续,却仍是在传统的基础上加以提炼元素,于是会惊讶地发现空间仿如两重天的格调,细观却可以追逐同一本源并感受它们存于一体的和谐。

院落前新增龙骨砖照壁用以招贴展览标题,照壁墙左边的水池饱满如圆月谓月池,月池外的青草皮与石板的组合犹如彩云,此景仿佛是彩云追月。沿着外廊折入院内,进入眼帘的是一个名为"游于艺"的露天方池,里面堆砌的不是假山而是砚台的原

# ZHENGSHI SHIQIFANG ART MUSEUM

## 郑氏十七房艺术馆

材料，砚石重叠错落不齐，雨天时雨点击在上面形成细细的水流落入池中，成为一个造景，意寓书画艺术需要辛勤的墨耕。走廊一侧设计了活动移门形成内外分区，花格窗通过排序形成如山水一般的图案，一边是新做的花格门轻灵浅色，另一边是原有的花格门厚重深色，阳光照进来，木格被拖出淡淡的影子，极是有情致。

走进多功能厅，吧台正面是在长幅宣纸上写就的具苍劲书法之笔触，远观又似群山的山水画。贵宾厅墙壁绘上水墨竹林，浓淡相间，正是文人之喜好。一层展示厅地坪是原有的金砖，方形展示墙用麻筋石灰泥手工抹上去，略显粗粝却朴素单纯。扶着实木扶手至二层，却见栏杆是整块的钢化清玻，简约古朴。步入展示厅，地毯仿佛是巨笔在纸上挥洒的一抹笔墨豪情。木移门的花格图案延续到顶上，似云彩似流水，灯的道轨掩藏在其中，使空间有了明亮的气氛，区别于其他博物馆比较幽暗的设计。

寄情山水是文人的高尚追求，也是人与自然融为一体的纯朴意念，设计始终围绕这一意境在展开。中式新古典应既不在过往中沦陷，也不在毁灭中自以为是的获得新生，更不撷取一撮皮毛去贴个生硬的标签，而在于换骨不脱胎，传承中负时代使命，有新意有底蕴有美好。

左1：大院外景
右1：砚石重叠错落不齐
右2：活动移门形成内外分区

左1: 轻灵浅色的新花格门与厚重深色的原有花格门
右1: 长幅宣纸上写就的苍劲书法
右2: 展示厅

CHINA Interior design annual
**culture and education**

设计单位: 成都私享室内设计有限公司
设计: 胡俊峰
参与设计: 张学翠、谢晴、张茨、刘文杰
面积: 1200 m²
主要材料: 红砖、水泥、乳胶漆
坐落地点: 成都市武侯区华泰四路
摄影: 唐逸

玖库艺术馆是一个创意集群的联合办公空间项目，业主 TTS 陶唐仕机构作为白酒行业的创意领导者，业务涵盖从酒瓶设计到酒文化博园规划，以及酒的生产到终端销售的所有创意设计，所以本案在兼具办公功能的同时，另开辟了一个创意作品的展示空间。该案是一个旧建筑改造项目，原本是一个由铁皮构成建筑外墙的旧展馆。设计师尽可能地利用建筑本身外观，并适当加以改造，通过平面设计的手法进行导视系统的诠释，形成了现有的充满历史和艺术感的建筑外观。本着"智造城市院落，设计舒适生活"的设计理念，致力于在城市中智造院落般的居住感受，打造出"院落式办公"的形态，带来绿色环保人文的办公体验。

玖库艺术馆的整体内部空间布局分为三大板块，办公空间、创意展厅和休闲接待区。办公空间又分为品牌设计、规划设计院、大师工作室，一个开放式院落以及二楼的独立办公室。顶面将原来的屋面挖开一个面积约 60m² 的全景天窗，将自然光线引入室内，降低了照明成本。天窗下面挂着巨幅书法条幅，皆出自同事之手，一方面

# JIUKU ART
## 玖库艺术馆

展示了中国白酒特色的文化气质，一方面在炎热的夏天起到遮光避暑的作用。由于业主是创意型企业，根据项目需要，时常会有临时的创意团队到此办公，对于交流的需求极强，所以在办公区域分隔中一反传统的分割形式，而是利用景观小品和创意家具，对小范围工作区域进行隔离，满足了团队之间的交流需求。

创意展厅主要展示企业的创意作品，包括规划设计图纸、酒瓶等产品包装设计、一些联盟艺术家的作品、品牌推广案例及建筑规划等，都一一进行了有序展示。在空间设计上减去一切不必要的设计，纯白色的展厅空间突出了展品的陈列效果，合理的浏览动线分区域有层次地进行展示，通过艺术手法将企业文化进行诠释，展示创意实力和成果。创意展厅整体简洁明了，焦点突出，表达主题明确，更容易引起观者的注意和共鸣。设计师亲手设计了部分家具来配合展品的陈列，以探索传统家具在使用上的新功能，更准确的说这是一些具有使用功能的雕塑。

在选材上旧物利用是唯一的标准，集装箱板、红砖、旧钢板、旧木、水泥、水管、乳胶漆组合而成的空间，智造出别具一格的新 LOFT 视觉，同时景观和天光的引入，充分营造出在花园中办公的院落式意境。

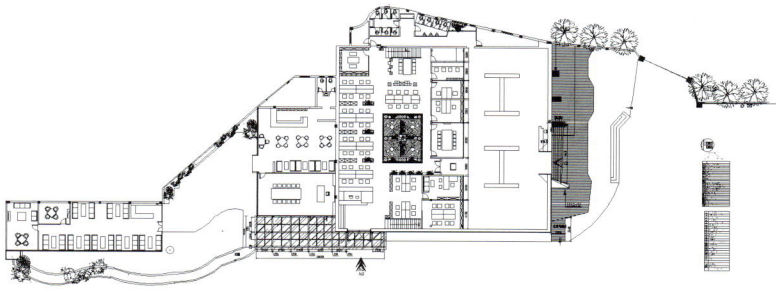

左1: 外景
右1: 建筑原本是一个由铁皮构成外墙的旧展馆
右2、右3、右4: 空间内部
右5: 天窗下面挂着巨幅书法条幅

CHINA Interior design annual
**culture and education**

设计单位: 谢辉设计顾问工作室
设计: 谢辉
面积: 3200 m²
主要材料: 木材、砖、乳胶漆
坐落地点: 成都
完工时间: 2013年8月

设计师自身就是一个三岁孩子的母亲，接触这个项目的时候就很有激情和冲动，立誓一定要把这个幼儿园打造成一个孩子的天堂和乐园。在和园方接触后确定了"爱、简单、自然"的设计理念，并在设计过程中一直遵循着要兼顾孩子的生理和心理双健康的原则，全力塑造一个有特色，趣味性强，颜色大胆的国际化幼儿园。

基于儿童的心理和生理特点，设计师利用了颜色来表达情感。幼儿园室内有三层，依次以淡粉色、橙色、苹果绿色作为主题色，分别代表了可爱、活力、健康。再加入原木色的家具及柜体，使得整个空间在光线的映衬下显得十分柔和，也和户外的自然建立起一种亲近感和联系感。

在图书馆设计中采用"鸡蛋和鸡窝"的主题，使这个空间充满了童趣，可以坐一圈孩子的"鸡窝"给了孩子们足够的空间，而书柜旁小小圆圆的"鸡蛋"矮凳也可以让孩子轻松够到自己喜欢的图书，图书馆整体设计合理，氛围寓教于乐，让孩子可以开心愉悦地阅读。

# KAIXING KINDERGARTEN

## 凯星幼儿园

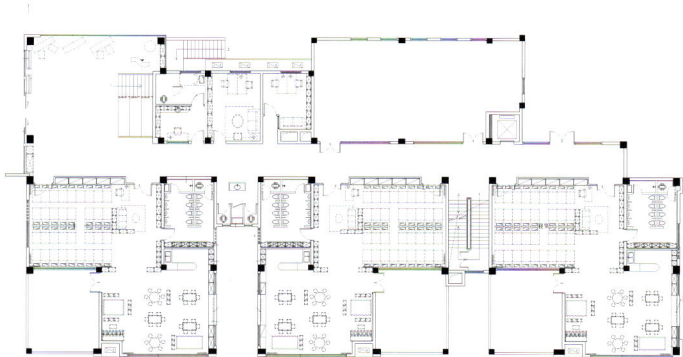

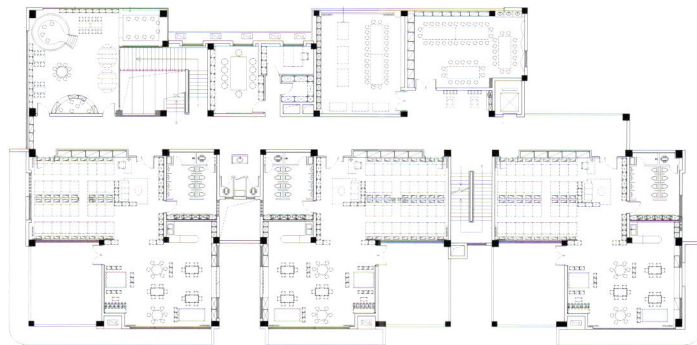

木工房大面积使用了原木墙板及原木假梁，这种秩序和结构的关系对幼小的孩子充满了启发性。小厨房生活化的五谷杂粮的陈设和摆件给予孩子直观的认知，哪怕是在走廊，设计师也在墙面的设计中巧妙加入了可以休息和玩耍的坐凳及哈哈镜，力图让孩子在幼儿园的每一个角落都能自在地玩耍，都能发现有趣的场景。

孩子们在这里成长必定充满了快乐、惊喜和不一样的童年体验，就像凯星幼儿园所倡导的——世界因我而不同！

左1: 五彩外观
右1: 草地上的小象

305

左1、左2、左3: 使用大量的原木墙板及原木假梁
右1: 图书馆设计采用"鸡蛋和鸡窝"的主题
右2: 绿色小椅子点缀白色空间

CHINA Interior design annual
**culture and education**

设计单位: 上海风语筑展览有限公司

设计: 李晖

面积: 8000 m²

主要材料: 烤漆玻璃、木丝水泥板、拉丝不锈钢、彩铝百叶、
金属扩张网、纤维吸音板

坐落地点: 苏州科技城

完工时间: 2013年8月

摄影: 郑勋

苏州高新区展示馆位于苏州科技城内, 建筑总规模达到8000m², 以"真山真水园中城"为设计理念, 共分为三大部分, 分别为一层的城市大厅, 二层的城市成就主题展厅和顶层的城市未来主题展厅。设计希望将高新区的区域发展成果结合苏州的城市历史元素和特点, 用高科技的手法多角度地展现出来, 成为内涵、风貌与愿景相结合的综合性规划展示空间。

步入展示馆首先进入城市大厅主题展厅, 通过高新区形象片的循环播放作为引导, 为参观者迅速勾画出一幅苏州高新区生态繁荣、文化灿烂、经济发达、民生富足的美好画卷。

二层的城市成就主题展厅分为序厅、历史文化厅、城市建设区、社会民生区、科技创新区等几大部分。历史文化厅是最具苏州特色的地方, 加入了许多苏州园林元素, 如镂空的木质半隔断等, 起到引导作用的同时也丰富了空间, 呼应历史文化的主题。生态发展展示区面处理打破常规, 采用不规则的几何切面来呈现。在与参观者互动

# SUZHOU HIGH-TECH ZONE PLANNING EXHIBITION CENTER

## 苏州高新区规划展示馆

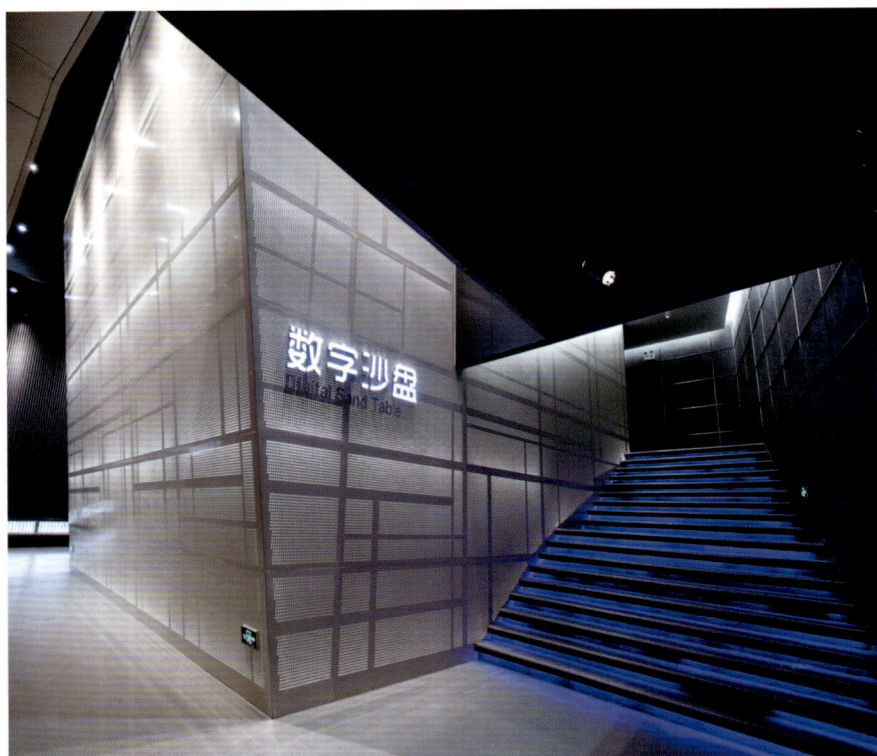

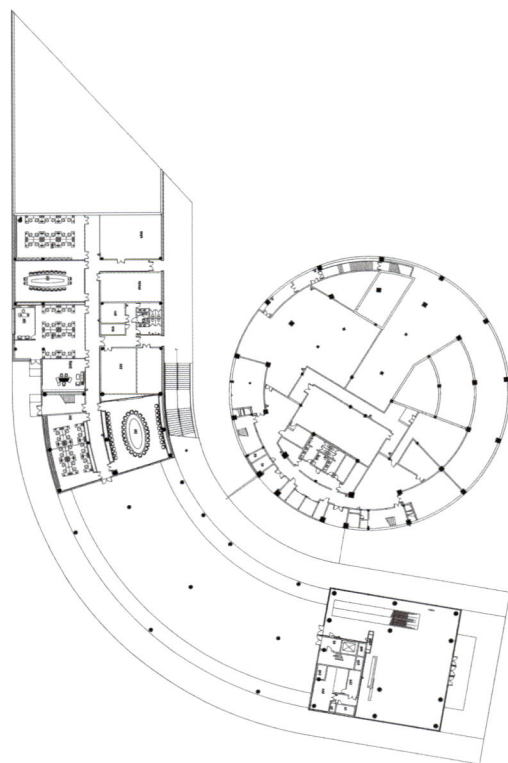

的环节中设置了 VR 自驾游项目，参观者可以骑上自行车，自由选择任一旅游线路，"畅游"在高新区各大街道和景区。科技创新区设置了全国首创的 220° 双曲面沙盘模型，参观者可通过宽广视角，连同声光电四位一体的展现，感受一场声势浩瀚、气势如虹的城市总规划的视觉盛宴。

三楼的城市未来主题展厅展示城市未来的宏观场景。穿过一个个大大小小的区域发展模型后，可看到一处设置有高清虚拟水面互动桌的区域，以手指触碰桌面，"水面"便瞬间散开一层层的涟漪。眼神互动沉浸式体验空间更是一个令人着迷和惊艳的地方，围绕空间的 360° 环幕上是与智慧城市相关的话题，而上方则是由机箱组成的数字"星云"，一旦踏入从星云投射而下的光圈中，就代表参观者与数字星云在瞬间连接。

苏州高新区规划展示馆呈献的不仅仅是各种最前沿的科技手段，更是关注与人沟通、以人为本，以科技创造美好生活理念的最好体现。

左1: 充满未来感的色彩
右1: 柔和的弧线体块
右2、右3: 展厅

**14**

CHINA Interior design annual
**culture and education**

设计单位: 西安本末装饰设计有限公司
设计: 陈海
参与设计: 康薇
面积: 5000 m²
主要材料: 木作、油漆、仿古地砖、石材
坐落地点: 陕西韩城
完工时间: 2013年12月
摄影: 张晓明

司马迁祠位于陕西省韩城市南 10 千米芝川镇东南的山岗上，东西长 555m，南北宽 229m，面积 45000m²。它东临黄河，西枕梁山，芝水萦回墓前，开势之雄，景物之胜，为韩城诸名胜之冠。在司马迁祠游客中心设计中，以"物体基本的几何形体对人们的感知效果"为研究课题，在有限的方、圆、斗、线形式之间，将古典元素从抽象中解析，在具象的形体之上做一个有序渐进的认知，提炼再生应用于现实的线性空间设计之中。在纵横交错的线性空间中，进行基础家具和行为意识的安排，使人能够对室内、乃至历史文化有一个全新的认知。

"以大为美"赋予汉代建筑装饰特有的装饰基调，在呈现的手法上，选用"大美"、"壮丽"的视觉装饰效果，用提炼于汉代的漆器、斗拱、瓦当、云气纹、编钟等线性元素，在中式古典元素之中提炼并应用于线性空间中，进行二次深度的设计创作，使其符合现代人文水平和满足基础服务功能，达到对汉代抽象理论基础上的诠释和现代建筑室内外装饰的解读。整个设计的选材以质朴、厚实为主，灵活应用木质油漆、草编、

# TOURIST CENTER OF SIMA QIAN ANCESTRAL TEMPLE

司马迁祠游客中心

左1: 建筑外观
右1: 长廊

漆画、瓦当、石块等材质打造布局造型。色调选取饱含汉代人文历史的红黑色调大面积铺设使用，在同色系范围内进行细微有序地调节。光线的铺设严格讲求对汉代古典韵味的体现和意境的深造，细微之处可追求至灯具外轮廓透光的间距安排，可谓满载着特有的"匠心独具"。

在司马迁祠的配饰选择中，对席地而坐的汉代传统经过细致地解读，应用现代人的生活习惯去引申、设计，创作出特有的"低矮式"桌椅。精心对汉代古典灯具提炼其元素并二次应用在灯具设计之中。家具安排上没有繁杂的装饰性和漫无目的的陈设性，全部按符合正常人体学尺寸的舒适性原则进行全新的审视和创作，达到汉式最初的设想和呈现。在特定的位置上微妙地以含蓄、内敛的手法来表达，在爆发的同时进行蓄意的意境回收。在整体亮点的放置上，将最终的视角安排于中央大厅的竹简式灯具上，以表达对司马迁的最高敬意。

汉代文化是春秋战国时期"百家争鸣"的产物，是中华传统文化成熟的标志。司马迁著作的《史记》呈现了精妙的叙事艺术。五体会通，追根求源。我们以汉文化历史背景为灵魂，以《史记》精髓手法为本源，运用现代先进理念的手法演绎、营造适合现代人审美和功能需求的服务空间，完成对几何形体的历史性感知课题。

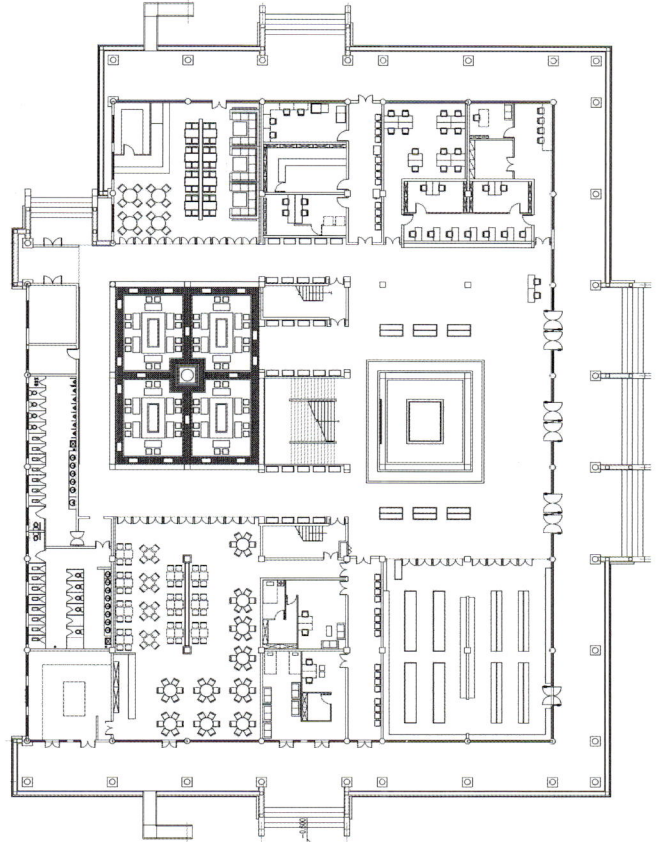

左1、左2: 选取饱含汉代人文历史的红黑色调大面积铺设

右1: 特有的 "低矮式"桌椅

## 15

设计单位：上海风语筑展览有限公司
设计：李晖
面积：10000 m²
主要材料：黑色烤漆玻璃、拉丝不锈钢、铝塑板、彩铝百叶、纤维吸音板
坐落地点：浙江临安市
完工时间：2013年10月
摄影：郑勋

青山湖科技城城市规划馆总建筑面积约 10000m²，共三层，其中布展区域位于一二层，总面积 3800m²。规划布展以"生态硅谷、科技新城"为主题，共分城市概况、临安春秋、战略视野、生态体验、重点区块、总规模型、辉煌科技城七大板块。灵动和谐的展示空间内，高科技的展示手段，智能化的展示形式，环保型的展示材料，碧水蓝、生态绿、现代白的色彩运用，多角度贴合青山湖科技城"科技、低碳、智能"的城市特色，为青山湖科技城打造一座风格鲜明的"城市之窗"。

步入一层序厅，引景入馆的理念呼之欲出，室外景观与室内大片竹林遥相呼应，将"中国十大竹乡"的美誉发挥得淋漓尽致，视觉核心区通过科技城形象片传递城市名片，印象直观而深刻。把握空间艺术，化实为虚，以虚代实，在一面古朴厚重的浮雕墙上，运用三维动画影像语言讲述临安千年春秋，观影完毕，投影面幻化成科技力量十足的自动感应门瞬间打开，参观者穿越时空之门，感悟钱王故里魅力临安。

在生态体验区，以"生态硅谷"为设计理念，将科技未来感与生态体验性紧密结合。

# QINGSHAN LAKE SCI·TECH CITY PLANNING EXHIBITION HALL

## 青山湖科技城规划展览馆

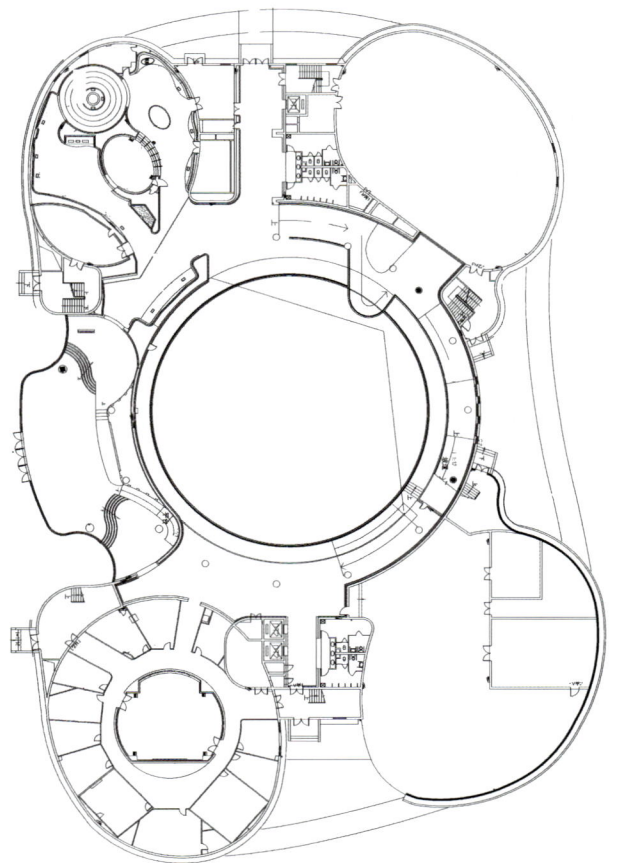

展区中央突破常规呈现出一颗悬浮式绿色生树，结合720度多维度展示空间打造沉浸式体验氛围，彰显含山纳水、城湖相映的城市意境。作为展馆的重中之重，总体规划模型厅以1:750的比例技术呈现青山科技城的今日风貌和未来蓝图。零缓冲、高精度数控技术将艺术灯光、主题影片与沙盘模型完美对接，并单独控制重要节点，将115平方千米打造成一个永不落幕的舞台。

设计将室外小品融入展示空间，形成人在景中，景随人动的生态空间，让空间死角焕发出生命的活力，低碳环保理念彰显无遗。参观者以此流线进入二层辉煌科技城展区。一面矩阵式企业LOGO墙面上精心设置"城市之眼"科技数码球幕，这既是照壁又是第一印象空间，金属质感的墙面上，静态几何发光logo与"城市之眼"中的动态"数字看成就"影片，共同演绎青山湖科技城发展的辉煌成就。墙左侧别有洞天的展示空间为产业规划区，空间中部以科技之芯为展示主题的异型多点数码查询桌为参观者提供丰富的企业及产品信息。

艺术与空间结合、技术与人文结合、设计与本土结合，青山湖科技城城市规划馆在3800m²的展示空间内，生动诠释了"科技、低碳、智能"的城市发展理念，成功传递出一个会思考、会呼吸、有机生长的美丽科技新城，传达品质新区强势崛起的信号。

左1: 展厅入口
右1: 主题影片与沙盘模型完美对接
右2: 展厅内部

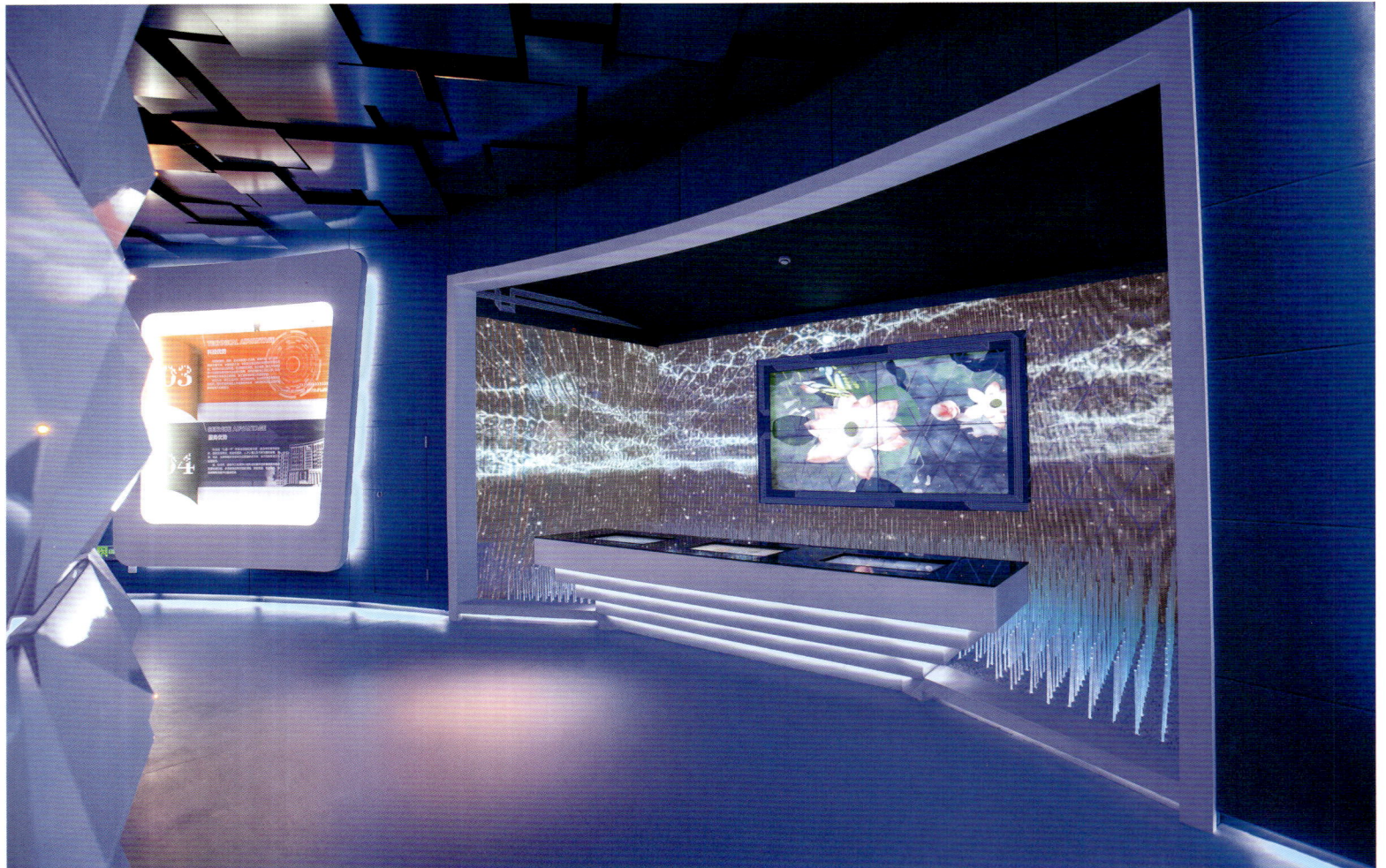

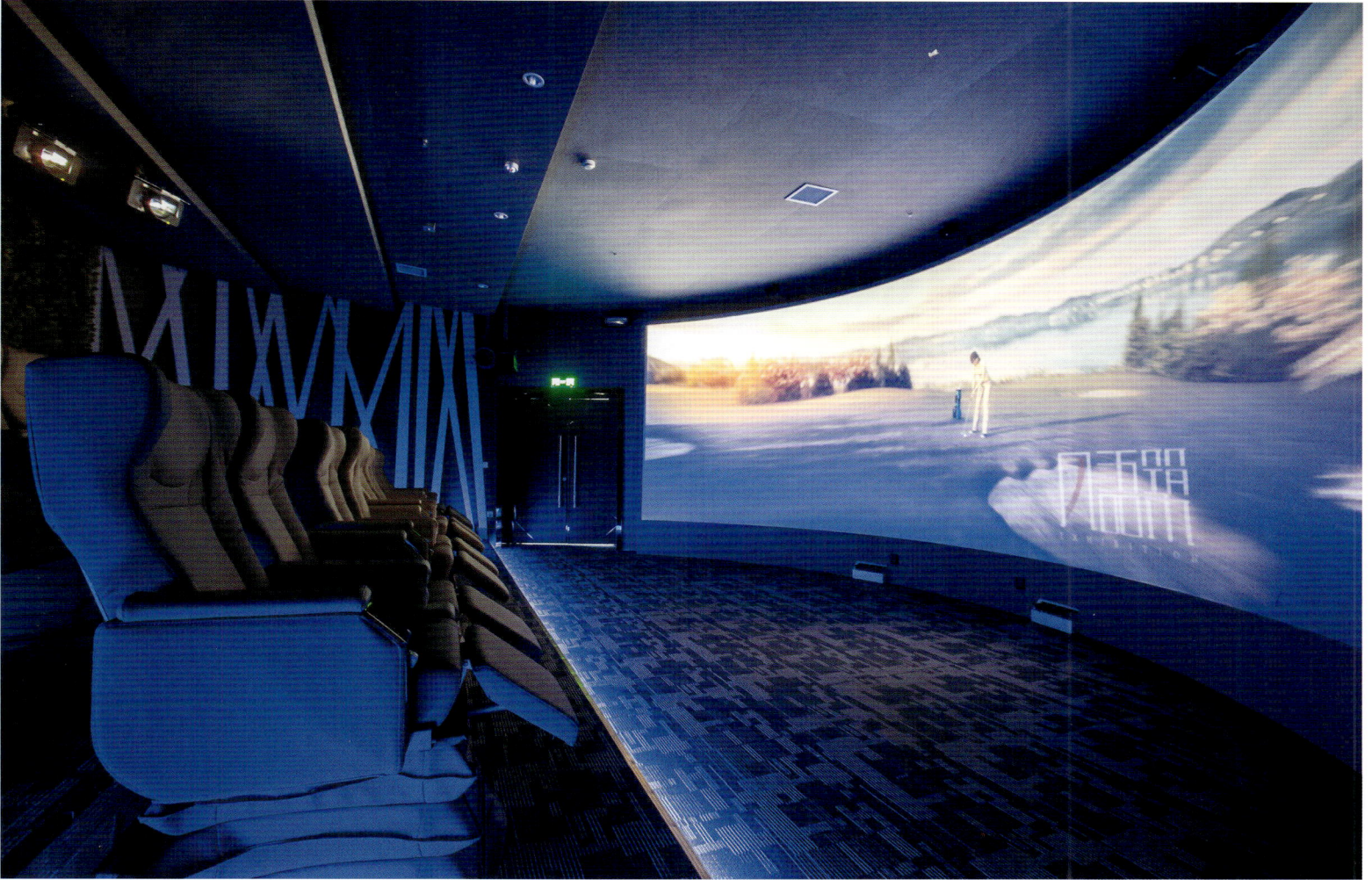

左1、左2、右1: 技术与人文相结合的展示空间

"北京书架",一个全新的概念书店,位于北京中央商务区购物中心。整个空间由内容丰富的图书区和舒适的咖啡区两大主要功能构成。"书架"作为设计的主要要素,一气呵成地围合出书与咖啡的空间。另外,放置在入口处的巨塔书架和环状杂志展示架表现了喜迎宾客的一种诉求。

大气沉稳的原创家具设计,给人们营造了一个远离嘈杂、混沌的世界,躲进如书房、客厅般安逸舒适的空间。

设计: 迫庆一郎
面积: 284 m²
坐落地点: 北京

# SHELVES IN BEIJING

## 北京书架

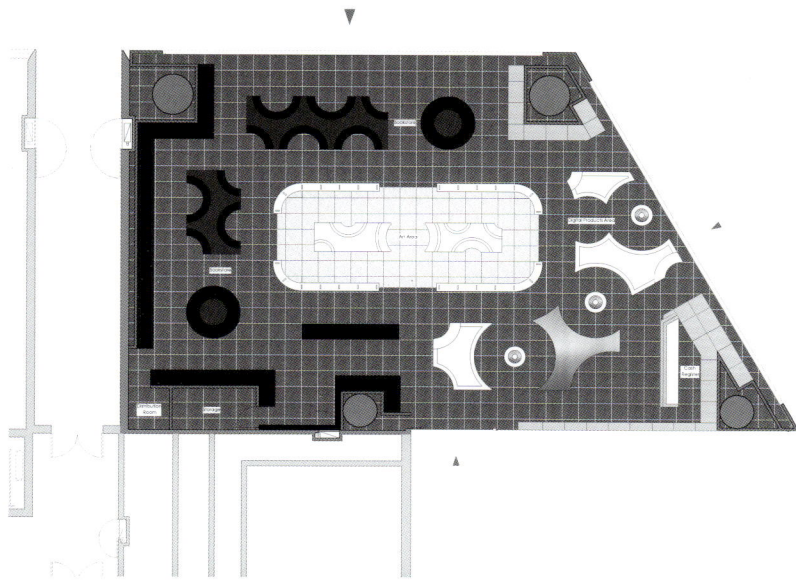

左1、右1、右2: 白色空间舒适清爽

CHINA Interior design annual
**culture and education**

设计单位：杭州正野博展艺术有限公司

设计：徐征野

参与设计：麦子、毕蓉、俞繁莉、沈卓、金金、吴颖儿、肖健

面积：1200 m²

主要材料：复合橡胶地板、石材、铜版腐蚀、柔性拉膜、肌理涂料、墙布

坐落地点：北京市海淀区西四环北路117号

完工时间：2013年11月

摄影：麦子

中国皇家菜博物馆是一个新的尝试。"博物馆在生活中，生活在博物馆中"基于这样的设计理念，设计团队在本案的设计中，校正博物馆惯有的"文化姿态"，将"生活"和"博物馆"构成了更密切的联系。

"博物馆在生活中"，消除博物馆的"边界"，使博物馆和周围的环境和谐地融为一体。在博物馆展陈设计方案中，馆区被划分"三区一体"的展示空间。其中的观摩区设立了开放式厨房，参观者可以亲眼目睹作为非物质文化传承的御膳制作技艺；互动体验区除一楼的周秦汉唐历代包厢外，还有倦勤斋、漱芳斋、春耦斋等相应风格的特色包厢。设计团队把历史变成现实，菜谱变成菜品。使参观者在品尝皇家菜美味的同时，对皇家菜文化有更为深刻的体会。

"生活在博物馆中"，生活在一种历史的记忆里，当人们每天与古老的文明对话，将会获得各种各样的"记忆"。记忆，可以避免重复错误，这正是博物馆的力量。然而，历史本身是厚重，如何突破文化的藩篱，令人们乐意走进历史、走进博物馆呢？

设计团队通过对空间节奏的设计，或舒缓、或紧凑、或深沉、或华贵，使观众在丰

# CHINESE ROYAL GASTRONOMY MUSEUM

## 中国皇家菜博物馆

左1：天花悬挂的"印章"
右1：传统龙元素运用得淋漓尽致
右2：利用灯光渲染气氛

富变化的节奏中，一直保持着饱满的情绪，一览中华饮食文化的博大精深；在表现手段上，利用灯光、色调等，渲染气氛，释放亲和力；在展陈手法上，用京剧、园林、借景等手法营造自然生活气息；在展陈方式上，用场景等方式，令观众有充分的"融入"感。此外，全透明精品陈列柜、高仿真菜模、感应触发全息成像、双画面幻影成像等新材质、新工艺、新手法，更是为整个设计锦上添花。

深入浅出，雅俗共赏的设计让参观者与历史文化之间有了"对话"的可能，有交流才有理解，有理解才会懂得。

**图书在版编目（CIP）数据**

中国室内设计大系．Ⅱ．7-12 / 陈卫新编．— 沈阳：
辽宁科学技术出版社，2018.3
ISBN 978-7-5591-0535-6

Ⅰ．①中⋯ Ⅱ．①陈⋯ Ⅲ．①室内装饰设计－中国－
图集 Ⅳ．① TU238-64

中国版本图书馆 CIP 数据核字（2017）第 302542 号

出版发行：辽宁科学技术出版社
　　　　　（地址：沈阳市和平区十一纬路 25 号　邮编：110003）
印　刷　者：辽宁新华印务有限公司
经　销　者：各地新华书店
幅面尺寸：230mm×300mm
印　　张：252
插　　页：4
字　　数：1500 千字
出版时间：2018 年 3 月第 1 版
印刷时间：2018 年 3 月第 1 次印刷
责任编辑：于　芳
封面设计：李　莹
版式设计：赵 宝 伟
责任校对：周　文

书　　号：ISBN 978-7-5591-0535-6
定　　价：1800.00 元（7-12 册）

编辑电话：024-23280070
E-mail：1207014086@qq.com
邮购热线：024-23284502
http://www.lnkj.com.cn